本书的出版得到晋中学院博士科研经费资助

虚拟化环境下网络管理技术及算法研究

张顺利 著

科学技术文献出版社
SCIENTIFIC AND TECHNICAL DOCUMENTATION PRESS

·北京·

图书在版编目（CIP）数据

虚拟化环境下网络管理技术及算法研究 / 张顺利著. —北京：科学技术文献出版社，2023.7（2024.1重印）
ISBN 978-7-5189-9288-1

Ⅰ.①虚…　Ⅱ.①张…　Ⅲ.①计算机网络管理—计算机算法—研究
Ⅳ.① TP393.07

中国版本图书馆 CIP 数据核字（2022）第 101712 号

虚拟化环境下网络管理技术及算法研究

策划编辑：周国臻　责任编辑：崔灵菲　胡远航　责任校对：王瑞瑞　责任出版：张志平

出　版　者	科学技术文献出版社
地　　　址	北京市复兴路15号　邮编 100038
编　务　部	(010) 58882938, 58882087（传真）
发　行　部	(010) 58882868, 58882870（传真）
邮　购　部	(010) 58882873
官方网址	www.stdp.com.cn
发　行　者	科学技术文献出版社发行　全国各地新华书店经销
印　刷　者	北京虎彩文化传播有限公司
版　　　次	2023 年 7 月第 1 版　2024 年 1 月第 2 次印刷
开　　　本	710×1000　1/16
字　　　数	215千
印　　　张	12.5
书　　　号	ISBN 978-7-5189-9288-1
定　　　价	48.00元

前　言

随着云计算、大数据、物联网等各种信息通信新技术的快速发展，新兴应用和新兴业务对互联网及其体系结构提出了新需求。为有效解决当前互联网及其体系结构中存在的问题，网络虚拟化的概念被引入到未来网络体系架构研究中。当前，网络虚拟化技术已经被认为是解决互联网及其体系结构所存在问题的一种有效方法，得到了越来越多研究机构的关注。

在网络虚拟化环境下，需要解决的关键问题包括提高底层网络资源利用率、虚拟网的服务质量、服务提供商和基础设施提供商的经济收益、服务的可靠性和可用性、准确定位故障根源等。为解决这些问题，学术界和工业界已经开展了多年的研究，并取得了较多的研究成果。但是，仍然存在以下 5 个问题：①在多基础设施提供商和多服务提供商竞争环境下，资源分配的效率低、交易环境不公平；②在底层网络规模较大的环境下，已有的虚拟网映射算法的分配效率较低；③资源重配置的时机选择不合理，会导致重配置算法对网络性能的负面影响较大；④当基础设施提供商和服务提供商分别属于不同的组织时，这种变化会导致底层网络信息对服务提供商不可见、虚拟网服务故障难以准确定位的问题；⑤每个底层网络上同时承载的虚拟网络数量较多，导致症状集中包含的症状和故障集中包含的故障较多，故障诊断算法的性能较低。

综上所述，虽然当前已有众多的研究者致力于研究更先进的网络虚拟化环境下的网络资源分配和故障诊断技术，但仍然存在一些亟须解决的关键问题。本研究在已有研究成果的基础上，重点研究网络虚拟化环境下资源分配与故障诊断技术中存在的上述关键问题。研究内容主要分为以下 8 个方面。

①通过分析多个 InP 和多个 SP 竞争环境中参与者及其职责，提出多个 InP 和多个 SP 竞争环境的虚拟网资源分配体系结构。在此基础上提出基于拍卖的资源分配机制，深入研究了该机制中用到的 VN 资源映射算法、定价方法等几个关键部分，并分析了机制的有效性。

②提出基于 K - 均值聚类算法的社团划分子算法，将底层网络划分为多个小社团。之后，提出资源分配子算法实现虚拟网的资源分配。在为虚拟网分配资源时，将虚拟网络划分为多个虚拟网社团，为了使各个虚拟网社团连接起来的虚拟网络是全局最优解，先为每个虚拟节点求出了等价类，后又为每个虚拟网社团建立了解空间。

③设计了分簇的资源管理模型，重配置时机在每个子网中单独计算，减少配置整个网络带来的开销过大问题。在网络资源的占用情况与资源重配置时机之间建立数学模型，描述重配置时间间隔的计算方法，并对其进行论证。为了使重配置时机更加合理，推导了重配置请求次数的极限值与重配置时机之间的关系。最后，提出基于预测的资源重分配算法 FRRA。

④提出了基于三方博弈的两阶段资源分配模型。基于此模型，QoS 驱动的资源分配机制被提出，并证明了该机制能够满足占优策略激励兼容特性，实现系统利润最大化的目标。为了实现资源分配机制中 VN 资源请求策略的最优化，保证 VN 对 SN 资源的合

理使用，基于 Q-learning 的 VN 需求量策略选择算法被提出。

⑤提出了 SNP 和 VNP 之间建立收益最大化的虚拟网资源分配机制。为提高底层网络资源的利用率，使用动态定价来调节 VNP 对底层网络资源请求的数量，并使用随机鲁棒优化方法来求解动态价格。

⑥梳理了与可靠虚拟网映射相关的网络特性，基于历史数据建立了底层节点可靠性矩阵和推理模型，提出了优先映射虚拟节点的二阶段映射算法 NFA-TS、基于层级关系的虚拟网映射算法 NFA-LR。

⑦提出了一种网络拓扑感知的电力通信网链路丢包率推理算法。首先，基于网络运行的历史数据和网络拓扑特征建立网络模型，并采用代数模型划分为多个独立子集。其次，提出一种加权相对熵的排序方法，对每个独立子集中的疑似拥塞链路进行量化处理。最后，通过求解化简后的非奇异矩阵的唯一解，得到拥塞链路的丢包率。

⑧给出了症状内在相关性的定义，并提出基于症状内在相关性的故障集合过滤算法。为了降低计算复杂度，改进故障贡献度的计算方法使其适合网络虚拟化环境，之后提出基于贡献度的启发式故障诊断算法，分析了算法的时间复杂度。

三人行，必有我师。读者如发现本书的不妥之处或有好的建议，请不惜赐教、交流。

目　　录

第1章 绪 论

1.1 研究的背景和意义

1.1.1 研究背景

随着全球互联网的快速发展，新兴应用和新兴业务对互联网及其体系结构提出了层出不穷的新需求。互联网及其体系结构在可扩展性、安全性、移动性、服务质量、能源消耗等方面的问题越来越突出[1-5]。学术界和工业界的多数专家认为，设计一种新的未来网络体系架构，是解决这一问题的有效方法[1-11]。

为了有效解决当前互联网及其体系结构中存在的问题，网络虚拟化的概念被引入到未来网络体系架构研究中[1-3]。在参考文献［3-5］中，网络虚拟化技术被描述为：在一个底层网络上同时承载多个虚拟网络，每个虚拟网络上可以部署自定义的协议和服务，根据虚拟网络上服务的运行情况、虚拟网络对底层网络资源的需求情况、底层网络资源使用量等信息，网络管理软件能够对底层网络和虚拟网络进行自主动态管理，提高网络的安全性和服务质量，降低网络的能源消耗和运营维护成本，满足应用和业务对网络在可扩展性和移动性方面的需求。

经过近几年学术界大量专家和学者的研究和论证，网络虚拟化技术已经被认为是解决当前互联网及其体系结构存在问题的一种有效方法，得到了越来越多国家和研究机构的关注[6-11]。例如，一些发达国家已经开展了基于网络虚拟化技术的未来网络研究的大型项目，其中比较典型的研究项目包括美国的 GENI 计划[6]、欧洲的 FIRE 计划[7]、欧盟的 4WARD 项目[8]、日本的 AKARI 计划[9]。同时，一些科研机构和组织也开发了一些可用于网络虚拟化技术研究的实验床，用来进行网络虚拟化技术的研究。例如，美国犹他大学（University of Utah）设计开发的互联网仿真平台 Emulab[10]，其致力于创建一个包括模拟、仿真及广域网测试床等在内的多种试验环境；由世界一流大学、研究机构及信息技术行业的顶级公司共同设计和开发的 PlanetLab 平台[11]，其致力于满足用户搭建全球规模的、支持多种类型服务和实验需求的分布式应用网络。

在网络虚拟化环境下，现有网络被划分为底层网络（Substrate Network，SN）和虚拟网络（Virtual Network，VN）[3-5]。底层网络由基础设施提供商（Infrastructure Provider，InP）运营，虚拟网络由服务提供商（Service Provider，SP）运营。底层节点和底层链路构成底层网络，虚拟节点和虚拟链路构成虚拟网络。底层节点为虚拟节点分配资源，底层链路为虚拟链路分配资源。基础设施提供商负责建设底层网络。服务提供商租用基础设施提供商的底层网络资源，创建虚拟网络并部署协议和应用，为终端用户提供服务。

在网络虚拟化环境下，有效的资源分配机制和算法[12-23]可以提高底层网络资源利用率和虚拟网的服务质量，还可以提高服务提供商和基础设施提供商的经济收益。同时，有效的故障诊断算法能够快速发现虚拟网及其服务故障，准确定位故障根源，从而确保底层网络、虚拟网络及服务的可靠性和可用性[24-26]。因此，网络虚拟化环境下的网络资源分配与故障诊断技术具有重要的研究价值。

1.1.2 研究意义

网络虚拟化环境下的网络资源分配技术方面，当前的研究主要从网络资源管理和服务管理两个角度进行。其中，网络资源管理方面，研究的问题主要是从基础设施提供商的角度，考虑如何将虚拟网络映射到底层网络上，并且尽可能提高底层网络的资源利用率[12-20]。服务管理方面，通过设计基础设施提供商和服务提供商之间的资源分配机制，在基础设施提供商和服务提供商之间进行交易时，促使参与各方能够得到较高的效用，减少资源的浪费[21-23]。网络虚拟化环境下的网络资源分配研究已经取得了一些重要的研究成果。但是，在资源分配方面，仍然存在以下3个问题：①在多基础设施提供商和多服务提供商的竞争环境下，资源分配的效率低、交易环境不公平；②在底层网络规模较大的环境下，已有的虚拟网映射算法的分配效率较低；③资源重配置的时机选择不合理，会导致重配置算法对网络性能的负面影响较大。

由于网络虚拟化是一个比较新的研究领域，当前研究主要集中在虚拟网映射算法方面，虚拟网故障管理相关的研究文献较少。与网络虚拟化环境下故障管理相关的研究成果主要包括参考文献［24 – 26］，主要的研究内容包括：通过设计可快速迁移的路由器框架，来提高路由器故障恢复能力；基于自主计算理论，设计能够自主故障管理的网络节点；为解决不同底层网络的异构性导致端到端服务性能难以分析的问题，提出了端到端服务的性能分析模型。网络虚拟化环境下故障管理研究已经取得了一些重要的研究成果。但是在故障诊断方面，仍然存在以下 2 个问题：①网络虚拟化环境下，当前的网络服务提供商被划分为基础设施提供商和服务提供商，当基础设施提供商和服务提供商分别属于不同的组织时，底层网络信息对服务提供商是不可见的，导致虚拟网服务故障定位的难度增加；②每个底层网络上同时承载的虚拟网络数量较多，导致症状集中包含的症状和故障集中包含的故障较多，故障诊断算法的性能较低。

综上所述，虽然当前已有众多的研究者致力于研究更先进的网络虚拟化环境下的网络资源分配和故障诊断技术，但仍然存在一些亟须解决的关键问题。本书在已有研究成果的基础上，重点研究网络虚拟化环境下资源分配与故障诊断技术中存在的上述 5 个关键问题。

1.2　业界动态、研究热点方向

1.2.1　当前网络存在的问题

随着互联网应用的日益广泛、网络需求的增加和高科技的发展，现有互联网网络的弊端日益显现，主要表现如下。

（1）IPv4 地址紧缺

传统 IPv4 理论上最多支持 232 个不同的网络地址。但由于地址分配的原因，实际可用的 IP 地址不到 232 个。另外，IP 地址分配严重不均衡，绝大部分 IP 地址掌握在为数不多的几个发达国家手中。同时，新领域的新业务使用用户对为数不多的 IP 需求激增。以上原因导致了 IPv4 地址的紧缺。

（2）缺乏 QoS 保障

基于 IPv4 的互联网提供的是"尽力而为之"的服务。由于路由调度是基于公平机制的，所以 QoS 从理论上来说是没有保障的。基于 IPv4 的互联网也无法满足现代多媒体发展对带宽、延迟等方面的要求，无法适应互联网的发展。

（3）路由复杂

IPv4 地址虽有 32 位，但其只支持单播地址，对其他类型的支持度不足，这势必导致 IPv4 地址复杂性增加。

（4）缺乏安全性

IPv4 网络只提供应用层的安全性，没有提供一套用于保护 IP 通信的 IP 安全机制，从而在安全性方面会对数据包的传输产生影响。

（5）不能很好地支持新业务

为提升企业竞争力和服务质量，内容交付、车载网络、普适系统等越来越多的新业务被提出。这些新业务要求基础网络设施能够快速为其分配资源，并且可以灵活调整资源容量。这些新需求给现有的基础网络提出了较大的挑战。

1.2.2　解决互联网问题的技术支持

近年来出现的 Storage、Wireless、Virtualization、Artificial Intelligent、SOA 等新技术和新应用的成熟，给 "clean-slate Internet research" 的实现提供了技术支持。因此下一代网络体系结构成为当前的研究热点，如何实现网络虚拟化则是其中的一个重要研究领域。

1.2.3　网络虚拟化的研究现状

网络虚拟化是近年来互联网研究领域出现的新技术，其思想是通过对底层的抽象，屏蔽物理网络实现细节，将网络的控制管理和数据平面的转发与交换进行有效分离。上述分离对网络系统的简化、故障和异常的隔离提供了较好的支持，虚拟化技术则为可信可控可管可测网络的机制设计提供了广阔的空间。近期研究表明，虚拟化不但对新型互联网体系结构的研究、试验和部署具有重要的意义，对网络单元（如路由器）的虚拟化也可提高其故障冗余及持续提供网络服务的能力。网络虚拟化研究包括网络节点虚拟化和网络平台虚拟化两个热点。

（1）节点虚拟化的研究现状

节点虚拟化技术最初源于 20 世纪 90 年代后期出现的可编程 ATM 交换机思想，即通过对硬件交换平台的资源划分，在一个物理交换机上虚拟出多个逻辑的交换机，以支持在一个物理网络上构建多套逻辑网络。但这项技术直到近年来可编程硬件（如网络处理器和 FPGA）在网络节点中得到广泛应用后，才受到进一步的关注。当前，虚拟化在路由器上的应用已经成为研究的热点。控制平面与数据平面相分离是路由器虚拟化实现的基础。基于该思想，路由器控制平面与数据平面相互屏蔽各自实现细节，而只是通过标准的管理控制接口进行通信。目前，网络节点虚拟化的研究主要致力于提高网络服务的生存性，即通过不同虚拟实现间的动态切换增强网络持续提供服务的能力。与通常的双机备份不同，虚拟数据平面或控制平面的切换对网络运行的影响基本可以忽略。

（2）网络虚拟化的研究现状

网络平台虚拟化思想产生于 21 世纪初研究者对互联网体系结构研究的不断反思中。目前，对互联网体系结构的研究陷入僵局，即新型体系结构研究必须依赖大规模的试验床，但由于受到设备、管理、网络规模等因素的限制，基于现有技术构造的试验床还是必须建立在现有的网络体系上，并且只能使用 IP 无连接的传送服务，因此新型体系结构试验难以部署和开展。而虚拟化试验床则是打破这一僵局的有效手段。

与传统的物理试验床和 Overlay 试验床不同，虚拟试验床是在一个公共的物理网络上通过资源的抽象、分配和隔离机制支持多个 Overlay 网络共存，与目前 IP 体系并行的各种新型体系结构通过 Overlay 机制在物理网络上进行部署，这些网络相互间不会产生影响。试验者可通过首跳代理机制方便地接入不同的试验网络进行体系结构试验。

（3）基于虚拟化设计下一代网络模型的相关国外研究项目

1）美国的研究项目：PlanetLab

PlanetLab 是用于分布式网络系统研究、针对未来互联网技术和服务进行研究和测试的开放式全球性试验床平台，于 2003 年开始建设。其目标是在创新技术和真实网络世界的鸿沟之间搭建桥梁，通过在真实网络中试验和验证，促使技术不断进步，满足人们生活的需要。PlanetLab 有以下 2 个显著特点。

①重叠网络。

"Overlay" 建立在现有的互联网之上，这使得其进行的试验可以在真实网络环境中进行，通过一个 PlanetLab 分片，试验各种大规模的服务。目前，有数百个活跃研究项目运行于 PlanetLab 之上。

②基于"社区"。

不同研究组织将其 PlanetLab 节点贡献出来构成 PlanetLab 全球平台，这样每个研究者都可以在这个平台上进行基于各自的 PlanetLab 分片研究。PlanetLab Central（PLC）则为研究者提供了创建和管理分片的接口。

2）美国的研究项目：GENI

GENI 是一个开放性的项目，于 2005 年启动，拥有众多高校、企业、机构参与的同时，也鼓励其他团体积极加入。其研究范围和内容相当广泛，其中网络和分布式技术研究是 GENI 的基石。GENI 项目的目的是探索新的互联网架构以促进科学发展并刺激创新和经济增长，其目标包括互联网新的核心功能（如新的命名技术、寻址技术和身份架构）、增强型功能（包括额外的安全架构和高可用性设计）、新的互联网服务和应用。GENI 项目将超出目前渐进式改进互联网的努力范围，希望该项目能够涵盖互联网社会今后 15 年或更长时间的需要。

GENI 包括两大部分：一个是研究计划（Research Program）；另一个是全球实验设施。全球实验设施就是为了确保计划完成设置的平台，主要是用来规模地开发新的网络体系结构。重要工作思路和计划应采用以下方法。

第一，能够通过时间域和空间域的切块（Slicing）和虚拟化（Virtualization），实现设施的共用。切块表示限于特定实验的资源的子集。

第二，能够通过可编程平台进入物理设施。

第三，能够通过让使用者产生兴趣或采用 IP 隧道技术让大量使用者参与。

第四，能够通过切块间可控的隔离与链接进行使用者之间的保护与合作。

第五，利用新的平台与网络进行广泛调研，有各种各样的接入电路和技术，以及全球控制与管理软件。

第六，能够通过联合设计，实现独立设施的互联。希望有更多使用者参与到这个平台，并且在使用过程中能够有效控制和隔离使用者的资源。

3）美国的研究项目：FIND

FIND 是 NSF 网络系统与技术计划（Networking Technology and Systems，NeTS）的一个长期项目，于 2006 年启动，研究网络系统及相关技术。FIND 支撑 GENI 的实施，其目标是设计下一代互联网，核心特征包括：安全性、健壮性、可管理性、新计算模式范例、集成新的网络技术、高水准的服务体系结构及新的网络架构理论。FIND 虽然是 GENI 计划的重要组成部分，但其不会涵盖 GENI 的所有研究领域，而是侧重于未来互联网体系框架的研究。

4）欧盟的研究项目：FP7/4WARD

4WARD 是欧盟第七框架计划（FP7）在网络技术领域的代表性子项目，于 2008 年 1 月启动。欧盟希望通过 4WARD 研究可靠的、无处不在的协作网络，促进网络和网络应用更简化、速度更快，提供更先进、更经济的信息服务，从而提高欧盟居民的生活质量，增强欧盟网络产业的竞争力。其技术目标为：进行创新，克服现有互联网的缺点；研发一个允许多种网络共存、互联、协同工作的网络架构；提出一个下一代互联网的整体解决方案，解决互联网的问题，跳出目前"头痛医头、脚痛医脚"的方法。目前，4WARD 正在开展 6 个 WP（Work Packages）的研究。

①WP1：商业创新、管理和发布（BIRD）。

用于消除整个项目的创新技术与社会经济效益之间的鸿沟。4WARD 认为，任何网络技术创新都必须充分考虑技术之外的问题才有可能成功。

②WP2：新型架构原理和内容（New APC）。

开发一种通用网络架构，这个架构不仅能与现有的各种网络兼容，而且能满足个性化需求，为用户提供整体信息解决方案。

③WP3：虚拟网络（VN）。

利用虚拟网络技术实现网络资源的共享和配置；为用户提供虚拟网络应用，包括发现、控制网络可用资源，实现可扩展的虚拟网、资源汇聚等；实现完备的虚拟网络管理。

④WP4：网络内部管理。

提出了独特的网络内部管理的概念，将管理功能植入设备之中，通过自组织算法和分散管理的原则实现"瘦管理平面"，管理平面成为网络本身的一部分，从而实现低复杂性和高扩展性的健壮网络管理系统。

⑤WP5：通用路径获取。

开发更高效的数据转发技术；研究改变现有 IP 路由混乱状况的技术，提出通过信息目标，而不是特定主机来确定转发路径的思想；研究链路层以下的技术。

⑥WP6：信息联网（NetInf）。

现有互联网以 IP 地址作为节点标识和位置标识，这在很多情况下是不合理的。WP6 提出了信息联网的概念，研究基于应用信息来标识位置和网络连接。WP6 将在一些协议模型，如 HIP（Host Identity Protocol）、I3（Internet Indirection Infrastructure）等基础之上进一步研究这个问题。

5）日本的研究项目：AKARI

AKARI 是日本 NICT（National Institute of Information and Communications Technology）2006 年启动的新一代网络研究项目，其目标是在 2015 年前研究出一个全新的网络构架，并完成基于此网络架构的新一代网络的设计。AKARI 意为"黑暗中指向未来的一丝灯光"，NICT 希望 AKARI 能为网络技术的发展找到一个正确的方向。AKARI 研究内容包括：光包交换和光路技术、光接入、无线接入、包分多址（PDMA）、传输层控制、主机/位置标识网内分离架构、分层、安全、QoS 路由、新型网络模型、健壮控制机制、网络层次简化、IP 协议简化、重叠网、网络虚拟化技术。

1.3　问题分析

1.3.1　虚拟网资源分配方面存在的问题

网络虚拟化面临的首要问题是如何在有限的物理网络上承载最多的虚拟网络，使得利益最大化。所以资源分配是当前的一个最重要的研究热点，但当前的研究仍存在以下 3 个方面的问题。

①没有考虑现实网络环境的复杂性和异构性。在已有研究中，研究人员大都采用线性规划、动态规划等方法，对虚拟网资源分配进行数学建模，之后使用不同的算法解决问题。在建模和仿真时，解决的是同一个物理网络上如何高效、最大化分配资源的问题，并且物理网络的节点规模限制在 100 个左右。所以，如何根据实际的网络环境设计出解决大规模、异构环境下的虚拟网资源分配算法，是一个亟须解决的问题，目前还未发现相关学术论文。

②资源的被动静态分配中存在的问题。当前研究中，资源分配都是采用离线的静态资源分配算法。分配过程中所有的请求都是事先给定的，之后采用不同的算法进行分配，当资源分配后就不再进行优化调整。由于分配资源之前，必须给出资源请求的详细信息，这种分配算法与未来大范围的虚拟网应用环境不相适应。另外，由于网络环境是动态变化的，当网络环境变化后，如何动态地调整虚拟网资源分配情况，达到资源的最优化分配成为资源分配中的一个重要问题，目前还未发现相关学术论文。

③异构的多层级的复杂网络环境下资源分配的问题。由于同一个虚拟网可以承载在多个不同网络提供商提供的物理网络上，不同的虚拟网为用户提供某种有特殊用途的高质量的网络服务，并且虚拟网络的所有者也可以将自己拥有的具有竞争优势的网络资源租售（或者合作）给其他虚拟网用户。所以，在异构的多层级环境下，虚拟网资源分配成了虚拟网研究领域一个比较难解决的问题，目前还未发现相关学术论文。

1.3.2 虚拟网的隔离性、私有性等安全方面存在的问题

每个虚拟网都可能跨越多个管理域，并且每个管理域都可能存在异构的网络技术和管理框架，虚拟网之间的互操作及跨网络维护，给网络的安全运行带来了较大的隐患。当前的研究通过使用隧道、加密等技术，可以在一定程度上为虚拟网之间提供安全性和私有性，但是这些技术并不能完全消除当前存在的网络病毒、网络入侵等威胁。

①如何解决网元的可编程性、网络设备的移动性带来的网络安全方面的问题。因为虚拟化技术和可编程技术的应用，虚拟网的每个网络设备都能够实现控制平面和数据转发平面的严格分离，控制平面会根据网络环境的变化而进行自动迁移，从而保证业务的正常运行和设备之间的负载均衡，但是可编程性和可移动性都给网络病毒、网络入侵提供了便捷，如何解决由此带来的安全问题已成为难题，目前还未发现相关学术论文。

②如何解决由于用户的移动性带来的网络安全问题。由于用户可以在不同的虚拟网之间随意移动，导致虚拟网之间的隔离性、交互性问题变得更加复杂化，所以如何设计网络，达到既能满足用户的移动性和业务的可靠连续性，又能保证各个网络的安全性和私有性，是比较复杂的问题，目前还未发现相关学术论文。

1.3.3 虚拟网资源的故障定位、SLA 保障等问题

当虚拟网络创建以后，物理网络提供商必须使用接入控制、资源分配策略等技术优化虚拟网资源的各种性能，当虚拟网上部署的业务、虚拟网内部协议、物理网络网元等出现告警、故障时，如何快速定位故障、解决故障，确保虚拟网的正常运行，成为网络运营的重要问题。

①多层级、异构环境下虚拟网的故障定位难问题。同一个物理网上可以提供不同 QoS 类型的虚拟网服务，如何减少或者消除由于多层交互而产生

的物理网络故障对虚拟网络性能影响的问题比较难解决，尤其是当用户使用的业务出现故障时，如何快速定位故障原因、自动排除故障、保障业务畅通成为网络虚拟化运营之后面临的首要问题，目前还未发现相关学术论文。

②虚拟网环境下用户的 SLA 保障问题。网络资源分配最大化是目前虚拟网映射中普遍认可的观点，但是最大化分配情况下的虚拟网性能保障、负载均衡就会面临难以解决的问题。如何协调大范围的同一个物理网络上多个虚拟网之间的资源请求，保障各个虚拟网都能满足用户的 SLA，当用户需求变大时，如何解决超额分配导致的性能问题，以及由此产生的计费问题等都还有待深入研究，目前还未发现相关学术论文。

1.4　研究内容

1.4.1　虚拟网资源分配方面的研究内容

（1）复杂网络环境下虚拟网资源分配算法研究

关键点及采用的方法如下。

①网络的异构性和复杂性问题：根据复杂网络小世界、无标度等特性，将问题简化。

②大规模网络环境下的资源分配算法：采用智能搜索算法，在大规模复杂问题中高效率求出最优解。

③资源分配的用户满意度方面：引入网络坐标、可靠性等参数，使创建的虚拟网更加符合用户的需求。

（2）复杂网络环境下虚拟网资源自主动态分配问题研究

关键点及采用的方法如下。

①资源的自主分配问题：首先将资源分配问题抽象成使用强化学习能够解决的问题，之后采用 Q-learning 算法进行资源的自主分配。

②资源的动态重分配：将能量消耗、设备利用率等因素设置为资源重分配的参数，在固定的周期或者当某些参数达到阈值时，采用 Q-learning 算法对资源进行动态重新分配，达到满足用户 SLA 的条件下提高设备利用率、降低能源消耗的目的。

（3）异构的多层级环境下虚拟网资源分配问题研究

关键点及采用的方法如下。

①异构性和多层级性：为了给虚拟网请求分配比较优化的资源，充分利用提供资源的各种网络，解决好异构网络和多层级网络给虚拟网资源分配带来的互操作难度大、资源使用不充分及不均衡等方面的问题，计划借鉴面向服务的设计方法，将提供资源的各种不同网络抽象为不同的服务。

②虚拟网资源的分配算法：在多个网络提供商中，如何根据用户的SLA、网络的 QoS、网络之间的关系等先决条件，为虚拟网分配质优价廉的资源时，计划采用服务组合的方法设计算法，为用户分配优质的网络资源。

③资源分配的效率问题：在解决因网络复杂、节点众多等产生的网络映射问题方面，计划使用智能搜索算法提高资源分配时求最优解的效率。

1.4.2 虚拟网隔离、私有、交互等安全问题的研究内容

（1）解决网元的可编程性、网络设备的移动性带来的网络安全方面问题的研究

关键点及采用的方法如下。

①网元的可编程性带来的安全问题的研究：代码执行前先进行认证、鉴权、授权等措施，计划采用网络编码技术进行解决，在网元上执行的代码必须符合规定的编码方式，才可以获得执行权力。

②网络设备的移动性带来的问题：使用本体描述的基于策略的方式，实现设备之间自主交互，从而限制网络设备移动的范围和可执行代码的执行能力，但是需要解决好策略之间的冲突问题。

（2）解决由于用户的移动性带来的网络安全问题的研究

关键点及采用的方法如下。

①用户以比较灵活的方式实现独立性的移动：为了保证用户在不同虚拟网之间互相移动时，或者同一个用户可以同时接入到不同的虚拟网内，计划采用名字和地址分离的方法进行实现，难点是如何保证用户之间及同一个用户在不同虚拟网中移动的独立性。

②用户的接入访问控制问题：用户接入不同的虚拟网，会遇到不同的通信协议及不同的认证策略，计划采用本体语言描述的基于策略的方法，实现设备之间自主动态协调交互，对用户的接入访问控制进行管理，但是必须考虑解决策略冲突的问题。

1.4.3 虚拟网资源的故障定位、SLA 保障等问题的研究内容

（1）虚拟网的故障定位问题的研究

关键点及采用的方法如下。

①面向业务的故障定位分析模型：计划从面向业务的角度出发，采用自上而下的方法，便于故障的逐层分析与隔离，对上层业务来说，下层实体的故障被汇聚，简化了上层的分析。另外，分层也有利于故障的解决，因为在虚拟网环境中，各层可能是由不同角色来维护的。计划采用层次分析的方法，将虚拟网故障定位问题描述为各层之间互相影响的层次分析问题，从业务层面主动监测各种业务的运行状态，当监测到某种业务不正常时，采用关联分析的方法定位故障所在的层面。

②故障定位的算法研究：计划采用主动探测和关联分析的故障定位方法进行研究。由于告警之间存在扩散、迁移等情况，导致故障定位具有不确定性，所以关联分析计划采用贝叶斯网模型进行故障概率推理算法。

（2）虚拟网环境下用户 SLA 保障问题的研究

关键点及采用的方法如下。

①最大化资源规划问题的研究：网络设备的虚拟化和可迁移性，以及各个虚拟网利用资源的不均衡性，给在物理网络上承载比实际承载能力大很多的虚拟网业务提供了可能。计划采用动态规划方法，以最大化资源利用率为目的，对网络资源进行动态规划。

②用户 SLA 保障问题的研究：采用虚拟化技术可以实现网络资源的高效利用，但是也增加了资源管理的难度。当网络资源出现故障时，用户的SLA 可能无法得到保障。计划采用机器学习的方法，根据资源的使用情况，预测出未来用户对资源的需求，从而确保在满足用户 SLA 的条件下，达到提高资源的负载均衡及降低资源消耗的目的。

1.5 本书的主要内容

本书的主要内容分为以下 8 个方面。

①多 InP 和多 SP 竞争环境下资源分配机制的研究。通过分析多个 InP 和多个 SP 竞争环境中的参与者及其职责，提出多个 InP 和多个 SP 竞争环境的虚拟网资源分配体系结构。在此基础上提出基于拍卖的资源分配机制，并

深入研究了该机制中用到的 VN 资源映射算法、定价方法等几个关键部分，并分析了机制的有效性。在仿真实验中，从买方交易价格、卖方交易价格、买方效用、卖方效用共 4 个方面，对本研究提出的有议价分配机制与 V-MART 分配机制、无议价分配机制进行了比较。

②映射时间最短化的虚拟网映射算法研究。首先，提出基于 K - 均值聚类算法的社团划分子算法，将底层网络划分为多个小社团。其后，提出资源分配子算法实现虚拟网的资源分配。在为虚拟网分配资源时，将虚拟网络划分为多个虚拟网社团，为了使各个虚拟网社团连接起来的虚拟网络是全局最优解，先是为每个虚拟节点求出了等价类，之后又为每个虚拟网社团建立了解空间。仿真实验部分，则是分析了划分社团的数量、解空间的大小、运行时间等对算法性能的影响，并与算法 D-ViNE 在映射时间、映射成功率等方面进行了比较。

③网络进化环境下资源重配置算法研究。设计了分簇的资源管理模型，重配置时机在每个子网中单独计算，减少配置整个网络带来的开销过大问题。在网络资源的占用情况与资源重配置时机之间建立数学模型，描述重配置时间间隔的计算方法，并对其进行论证。为了使重配置时机更加合理，推导了重配置请求次数的极限值与重配置时机之间的关系。最后，提出基于预测的资源重分配算法 FRRA。仿真实验部分，分析了被管对象资源占用率的改变量阈值 δ_i 对算法性能的影响，在重配置花费、虚拟网请求接收率两个方面，对算法 FRRA 与算法 VNA-II 和 PMPA 进行了比较。

④网络虚拟化环境下 QoS 驱动的资源分配机制。随着网络虚拟化技术的商业化运行，虚拟网络向底层网络请求的带宽容量、资源成本、资源价格等 QoS 要素在资源分配中越来越重要，以前的仅仅考虑提高底层网络资源利用率的研究已经不能解决这个问题。本书首先对 QoS 驱动的 VN 资源分配问题进行了形式化的描述，提出了基于三方博弈的两阶段资源分配模型。基于此模型，QoS 驱动的资源分配机制被提出，并证明了该机制能够满足占优策略激励兼容特性，实现系统利润最大化的目标。为了实现资源分配机制中 VN 资源请求策略的最优化，保证 VN 对 SN 资源的合理使用，基于 Q-learning 的 VN 需求量策略选择算法被提出。仿真实验结果表明，VN 可以通过学习得到最优的资源请求策略，提高了 VN 的总效用，降低了总花费。资源分配机制可以确保 VN 获得容量保障的带宽资源，同时还提高了 SN 资源的利用率。

⑤一种动态环境下收益最大化的虚拟网资源分配机制。为解决自私的虚拟网络提供商（VNP）对底层网络资源的过度占用导致底层网络资源浪费的问题，提出了底层网络提供商（SNP）和 VNP 之间建立收益最大化的虚拟网资源分配机制。为提高底层网络资源的利用率，使用动态定价来调节 VNP 对底层网络资源请求的数量，并使用随机鲁棒优化方法来求解动态价格。仿真实验结果表明，本书提出的分配机制可以使虚拟网资源分配实现纳什均衡，提高了底层网络资源的利用率，增加了 VNP 和 SNP 的收益。

⑥基于网络特征和关联关系的可靠虚拟网映射算法。为解决可靠虚拟网映射中存在的网络参数关联关系分析不足、未充分利用网络拓扑和历史映射数据的问题，本书梳理了与可靠虚拟网映射相关的网络特性，基于历史数据建立了底层节点可靠性矩阵和推理模型，提出了优先映射虚拟节点的二阶段映射算法 NFA-TS、基于层级关系的虚拟网映射算法 NFA-LR。实验结果表明，相比于算法 SVNE 和 VNE-SSM，本书算法在提高虚拟网映射成功率和底层网络资源利用率等方面取得了较好的效果。

⑦网络拓扑感知的电力通信网链路丢包率推理算法。为提高电力通信网的传输性能，解决现有链路丢包率推理算法中多次探测增加网络负荷及算法的推算精度需进一步提高的问题，本书提出了一种网络拓扑感知的电力通信网链路丢包率推理算法。首先，基于网络运行的历史数据和网络拓扑特征建立网络模型，并采用代数模型划分为多个独立子集；其次，提出一种加权相对熵的排序方法，对每个独立子集中的疑似拥塞链路进行量化处理；最后，通过求解化简后的非奇异矩阵的唯一解，得到拥塞链路的丢包率。通过仿真实验，验证了本研究算法相比于现有算法，在拥塞链路判定和链路丢包率推算精度方面取得了较好的效果。

⑧网络虚拟化环境下虚拟网服务故障诊断算法研究。基于虚拟网和底层网络的映射关系，建立了服务故障传播模型。同时，给出了症状内在相关性的定义，并提出了基于症状内在相关性的故障集合过滤算法。为了降低计算复杂度，改进故障贡献度的计算方法使其适合网络虚拟化环境（其中故障贡献度是用来衡量故障对观测到的症状的影响程度），之后又提出基于贡献度的启发式故障诊断算法，分析了算法的时间复杂度。在性能评估部分，分析了网络规模对算法性能的影响，并与相关算法进行了比较。

参考文献

［1］ ANDERSON T, PETERSON L, SHENKER S, et al. Overcoming the Internet impasse through virtualization ［J］. Computer, 2005, 38 (4): 34 – 41.

［2］ TURNER J, TAYLOR D. Proceedings of the IEEE Global Telecommunications Conference (GLOBECOM'05), November 28-December 2, 2005 ［C］. St. Louis: IEEE, 2005.

［3］ FEAMSTER N, GAO L, REXFORD J. How to lease the Internet in your spare time ［J］. ACM SIGCOMM Computer Communication Review, 2007, 37 (1): 61 – 64.

［4］ CHOWDHURY N M, BOUTABA R. Network Virtualization: state of the art and research challenges ［J］. IEEE communications magazine, 2009, 47 (7): 20 – 26.

［5］ CHOWDHURY N M, BOUTABA R. A survey of network virtualization ［J］. Elsevier computer networks, 2010, 54 (5): 862 – 876.

［6］ GENI ［EB/OL］. ［2009 – 12 – 08］. http: //www. geni. net/.

［7］ FIRE ［EB/OL］. ［2010 – 01 – 05］. http: //www. eost. esf. org/index. php? id = 989.

［8］ 4WARD, Europe ［EB/OL］. ［2010 – 02 – 11］. http: //www. 4ward-project. eu/.

［9］ AKARI ［EB/OL］. ［2010 – 01 – 19］. http: //akari-project. nict. go. jp/eng/index2. htm.

［10］ Emulab-Network Emulation Testbed ［EB/OL］. ［2010 – 02 – 26］. http: //www. emulab. net/.

［11］ PlanetLab ［EB/OL］. ［2010 – 03 – 11］. http: //www. planet-lab. org/.

［12］ RICCI R, ALFELD C, LEPREAU J. A solver for the network testbed mapping problem ［J］. ACM computer communication review, 2003, 33 (2): 65 – 81.

［13］ ZHU Y, AMMAR M. Proceedings of the IEEE International Conference on Computer Communications (IEEE INFOCOM), April 23 – 29, 2006 ［C］. Barcelona: IEEE, 2006.

［14］ YU M, YI Y, REXFORD J, et al. , Rethinking virtual network embedding: Substrate support for path splitting and migration ［J］. ACM SIGCOMM computer communication review, 2008, 38 (2): 17 – 29.

［15］ CHOWDHURY N M M K, RAHMAN M R, BOUTABA R. Proceedings of the IEEE International Conference on Computer Communications (IEEE INFOCOM), April 19 – 25, 2009 ［C］. Rio de Janeiro: 2009.

［16］ MARQUEZAN C C, GRANVILLE L Z, NUNZI G, et al. Proceedings of the 2010 IEEE/IFIP Network Operations and Management Symposium (NOMS), April 19 – 23, 2010 ［C］. Osaka: IEEE, 2010.

［17］ HOUIDI I, LOUATI W, ZEGHIACHE D. Proceedings of the IEEE International Conference on Communications (ICC), March 19–23, 2008 [C]. Beijing: IEEE, 2008.

[18] HOUIDI I, LOUATI W, ZEGHLACHE D, et al. Proceedings of the IEEE International Conference on Communications Workshop on the Network of the Future, June 14–18, 2009 [C]. Dresden: IEEE, 2009.

[19] CAI Z P, LIU F, XIAO N. Proceedings of the IEEE Telecommunications Conference (GLOBECOM), December 10, 2010 [C]. Miami: IEEE, 2010.

[20] RAHMAN M R, AIB I, BOUTABA R. Proceedings of the IFIP International Federation for Information Processing, April, 2010 [C]. Chennai: 2020.

[21] HAUSHEER D, STILLER B. Auctions for virtual network environments, in Workshop on Management of Network Virtualisation, January, 2007 [C]. Brussels: 2007.

[22] ZAHEER F E, JIN X, BOUTABA R. Proceedings of the IEEE Network Operations and Management Symposium (NOMS), April 19–23, 2010 [C]. Osaka: IEEE, 2010.

[23] SAMUEL F, CHOWDHURY M, BOUTABA R. PolyViNE: Policy-based virtual network embedding across multiple domains [J]. Journal of Internet services and applications, 2013 (6): 4.

[24] YI W, ERIC K, BRIAN B, et al. Proceedings of the ACM SIGCOMM 2008 conference on Data communication, August 17–22, 2008 [C]. ACM, 2008.

[25] MARQUEZAN C C, GRANVILLE L Z, NUNZI G, et al. Proceedings of the 2010 IEEE／IFIP Network Operations and Management Symposium (NOMS), April 19–23, 2010 [C]. Osaka: IEEE, 2010.

[26] DUAN Q. Proceedings of the IEEE Globecom, December 6–10, 2010 [C]. Miami: IEEE, 2010.

第 2 章 网络虚拟化环境下 网络管理关键技术综述

网络虚拟化环境下的网络资源分配与故障诊断技术已成为未来网络研究领域中网络管理方面的一个重要的研究方向。首先本章介绍了网络虚拟化模型和特点，给出了网络虚拟化环境下资源分配与故障诊断的基本概念。其次，归纳了网络虚拟化环境下网络资源分配的研究现状，分析了当前研究中存在的问题。再次，归纳了网络虚拟化环境下故障诊断的研究现状，分析了当前研究中存在的问题。最后，提出了本书的研究目标。

2.1 网络虚拟化概述

2.1.1 虚拟网络概述

网络虚拟化就是在一个物理网络上模拟出多个逻辑网络来。其内容一般指虚拟专用网络（Virtual Private Network，VPN）。VPN 对网络连接的概念进行了抽象，允许远程用户访问组织的内部网络，就像物理上连接到该网络一样。网络虚拟化可以帮助我们保护 IT 环境，防止来自互联网的威胁，同时让用户能够快速安全地访问应用程序和数据。

VPN 被定义为通过一个公用网络（通常是互联网）建立一个临时的、安全的连接，是一条穿过混乱的公用网络的安全、稳定的隧道，使用这条隧道可以对数据进行几倍加密，达到安全使用互联网的目的。比较常见的网络虚拟化应用包括虚拟局域网（VLAN）、VPN 及虚拟网络设备等。

VLAN 是指管理员能够根据实际应用需求，把同一物理局域网内的不同用户，从逻辑上划分为不同的广播域，即实现了 VLAN。每个 VLAN 都相当于一个独立的局域网络。同一个 VLAN 中的计算机用户可以互联互通，而不同 VLAN 之间的计算机用户不能直接互联互通，只有通过配置路由等技术手段才能实现不同 VLAN 之间的计算机的互联互通。局域网的特点，即里面的计算机之间是互联互通的。可见从用户使用的角度来看，模拟出来的逻辑网络与物理网络在体验上是完全一样的。

基于网络的虚拟化方法是在网络设备之间实现存储虚拟化功能，具体有以下 2 种方式。

（1）基于互联设备的虚拟化

基于互联设备的方法如果是对称的，控制信息和数据走在同一条通道上；如果是非对称的，控制信息和数据走在不同的路径上。在对称的方式下，互联设备可能成为瓶颈，但是多重设备管理和负载平衡机制可以减缓瓶颈的矛盾。同时，在多重设备管理环境中，当一个设备发生故障时，也比较容易支持服务器实现故障接替。但是这将产生多个 SAN 孤岛，因为一个设备仅控制与其所连接的存储系统。非对称式虚拟存储比对称式更具有可扩展性，因为数据和控制信息的路径是分离的。

基于互联设备的虚拟化方法能够在专用服务器上运行，使用标准操作系统，如 Windows、Sun Solaris、Linux 或供应商提供的操作系统。这种方法运行在标准操作系统中，具有基于主机方法的诸多优势——易使用、设备便宜。许多基于设备的虚拟化提供商也提供附加的功能模块来改善系统的整体性能，能够获得比标准操作系统更好的性能和更完善的功能，但需要更高的硬件成本。

但是基于设备的方法也继承了基于主机虚拟化方法的一些缺陷，因为其仍然需要一个运行在主机上的代理软件或基于主机的适配器，任何主机的故障或不适当的主机配置都可能导致访问到不被保护的数据。同时，在异构操作系统间的互操作性仍然是一个问题。

（2）基于路由器的虚拟化

基于路由器的方法是在路由器固件上实现存储虚拟化功能。供应商通常也提供运行在主机上的附加软件来进一步增强存储管理能力。在此方法中，路由器被放置于每个主机到存储网络的数据通道中，用来截取网络中任何一个从主机到存储系统的命令。VPN 是对企业内部网的扩展，可以帮助远程用户、公司分支机构、商业伙伴及供应商同公司的内部网建立可信的安全连接，用于经济有效地连接到商业伙伴和用户的安全外联网 VPN。VPN 主要采用隧道技术、加解密技术、密钥管理技术和使用者与设备身份认证技术。

VPN 可以提供的功能：防火墙功能、认证、加密、隧道化。

VPN 可以通过特殊加密的通信协议连接到互联网上，在位于不同地方的两个或多个企业内部网之间建立一条专有的通信线路，就好比是架设了一条专线一样，通过安全隧道到达目的地，而不用为隧道的建设付费，但是其并不需要真正地去铺设光缆之类的物理线路。类似于去电信局申请专线，但是不用给铺设线路的费用，也不用购买路由器等硬件设备。VPN 技术原是路由器具有的重要技术之一，在交换机、防火墙设备或 Windows 2000 及以上操作系统中都支持 VPN 功能。总之，VPN 的核心就是利用公共网络建立虚拟私有网。

2.1.2　网络功能虚拟化概述

网络功能虚拟化（Network Functions Virtualization，NFV）是一种对于网络架构（Network Architecture）的概念，利用虚拟化技术将网络节点阶层的功能分割成几个功能区块，分别以软件的方式实现，不再局限于硬件架构。

NFV 的核心是虚拟网络功能。其提供只能在硬件中找到的网络功能，包括很多应用，如路由、CPE、移动核心、IMS、CDN、饰品、安全性、策略等。

但是，虚拟化网络功能需要把应用程序、业务流程以及可以进行整合和调整的基础设施软件结合起来。NFV 技术的目标是在标准服务器上提供网络功能，而不是在定制设备上。虽然供应商和网络运营商都急于部署 NFV，但早期 NFV 部署将不得不利用更广泛的原则，随着更多细节信息浮出水面，这些原则将会逐渐被部署。

为了在短期内实现 NFV 部署，供应商需要做出 4 个关键决策：部署云托管模式、选择网络优化的平台、基于 TM 论坛的原则构建服务和资源以促进操作整合，以及部署灵活且松耦合的数据/流程架构。

NFV 是由服务提供商推动的，以加快引进其网络上的新服务。通信服务提供商（CSPs）已经使用了专用的硬件元素，使其可以频繁、快速地提供新的服务。对于传输网络而言，NFV 的最终目标是整合网络设备类型为标准服务器、交换机和存储，以便利用更简单的开放网络元素。NFV 将腾飞，助力 SDN（软件定义网络）进一步推进。

2015 年，SDN 技术继续发展势头，现有交换机与路由器厂商会选择保住有利位置，因此购买者的困惑不会减少。然而，已广泛部署到服务提供商中的 NFV 将挺进大牌企业网络，无须任何 SDN 更新（SDN 更新可能需要新硬件支持）。虚拟化的网络功能可以帮助企业、机构按需动态配置网络，而与底层架构无关。

2.1.3 OpenStack 概述

OpenStack 是一个开源的云计算管理平台项目，是一系列软件开源项目的组合。2010 年由 NASA（美国国家航空航天局）和 Rackspace 合作研发并发起，以 Apache 许可证（Apache 软件基金会发布的一个自由软件许可证）授权的开源代码项目。

OpenStack 为私有云和公有云提供可扩展的弹性的云计算服务，项目目标是提供实施简单、可大规模扩展、丰富、标准统一的云计算管理平台。

OpenStack 是一个云平台管理的项目，其并不是软件。这个项目由几个主要的组件组合起来来完成一些具体的工作。OpenStack 是一个旨在为公有云及私有云的建设与管理提供软件的开源项目。其社区拥有超过 130 家企业及 1350 位开发者，这些机构与个人将 OpenStack 作为基础设施即服务资源的通用前端。OpenStack 的首要任务是简化云的部署过程并为其带来良好的可扩展性。本书希望通过提供必要的指导信息，帮助大家利用 OpenStack 前端来设置及管理自己的公有云或私有云。

OpenStack 是由 Rackspace 和 NASA 共同开发的云计算平台，帮助服务商和企业内部实现类似于 Amazon EC2 和 S3 的云基础架构服务（Infrastructure as a Service）。OpenStack 包括两个主要模块：Nova 和 Swift。前者是 NASA 开发的虚拟服务器部署和业务计算模块，后者是 Backpack 开发的分布式云存储模块，二者可以一起用，也可以单独用。OpenStack 是开源项目，除了有 Rackspace 和 NASA 的大力支持外，还有 Dell、Citrix、Cisco Canonical 等重量级公司的贡献和支持，发展速度非常快，大有取代另一个业界领先开源云台 Eucalyptus 的态势。

OpenStack 项目虽然诞生时间不长，但其发展迅速，在云计算领域的影响力不断扩大，使得这个年轻的项目成为业内许多人不得不关注的焦点。

目前为止，OpenStack 共有以下 10 个版本。

①Austin——OpenStack 发布的第 1 个版本，这是第 1 个开源的云计算平台。

②Bexar——OpenStack 发布的第 2 个版本，添加了 IPv6 的支持、影像传递技术，以及 Hyper-V 和 Xen 等虚拟服务器功能。

③Catus——OpenStack 发布的第 3 个版本，添加了虚拟化功能、自动化

功能及一个服务目录。

④Diablo——OpenStack 发布的第 4 个版本，增加了新的图形化用户界面和统一身份识别管理系统。

⑤Essex——OpenStack 发布的第 5 个版本，完善了 Keystone 认证，删除了对 Windows Hyper-V 支持的相关代码。

⑥Folsom——2012 年 9 月 OpenStack 发布的第 6 个版本。Folsom 除包括了 Nova swift、Horizon Keystone、Glance 原有的 5 个子项目之外，又增加了 Quantum 和 Cinder 两项。Quantum 支持了数个现有的虚拟网络套件，如 Open vSwitch、Ryu 网络操作系统（Network Operation System，NOS）等，也包括了 Cisco、Nicira 和 NEC 等厂商提供的虚拟网络套件等，Quantum 可以让 OpenStack 的 IaS 平台能采用 SDN 技术，如 OrderFlow。Cinder 则加强了区块（Block）与磁盘区（Volume）的储存能力。

⑦Grizzly——2013 年 4 月 OpenStack 基金会发布的第 7 个版本。Grizzly 增加近 230 个新功能，涉及计算、存储、网络和共享服务等方面。例如，OpenStack 计算虚拟化使用 "Cells" 管理分布式集群，使用 "NoDB" 主机架构，以减少对中央数据库的依赖。

⑧Havana——2013 年 10 月 OpenStack 基金会发布的第 8 个版本。Havana 除了增加 OpenStack Metering（Ceilometer）和 OpenStack Orchestration（Heat）两个新组件外，还完成了 400 多个特性计划，修补了 3000 多个补丁。

⑨Icehouse——2014 年 4 月 OpenStack 基金会发布的第 9 个版本。新版本提高了项目的稳定性与成熟度，提升了用户体验的一致性，尤其是针对存储方面。联合身份验证将允许用户通过相同认证信息同时访问 OpenStack 私有云与共有云。新项目 Trove（DB as a Service）现在已经成为版本中的组成部分，其允许用户在 OpenStack 环境中管理关系数据库服务。

⑩Juno——2014 年 10 月 OpenStack 基金会发布的第 10 个版本。新增包括围绕 Hadoop 和 Spark 集群管理和监控的自动化服务和支持软件开发、大数据分析和大规模应用架构在内的 342 个功能点，标志着 OpenStack 正向大范围支持的成熟云平台快速前进。自 OpenStack 项目成立以来，超过 200 个公司加入了该项目，其中包括 AT&T、AMD、Cisco、Dell、IBM、Intel、Red hat 等。目前参与 OpenStack 项目的开发人员有 17 000 名，来自 139 个国家和地区，这一数字还在不断增长中。来自咨询机构 Forrester 的分析表示，

OpenStack 已经逐步成为事实上的基础架构云（IaaS）标准。

尽管 OpenStack 从诞生到现在已经日渐成熟，基本上能够满足云计算用户的大部分需求，但随着云计算技术的发展，OpenStack 必然也需要不断完善。OpenStack 已经逐渐成为市场上主流的一个云计算平台解决方案。结合业界的一般观点和调查中关于 OpenStack 用户的意见，其需要完善的部分大体上可以归纳为以下 3 个方面。

①增强动态迁移：虽然 OpenStack 的 Nova 组件支持动态迁移，但实质上其并未实现真正意义上的动态迁移。OpenStack 中因为没有共存储只能做块迁移，而共享迁移只有在有共享存储的情况下才能被使用。

②数据安全：安全问题一直是整个云计算行业的问题，尽管 OpenStack 中存在对用户身份信息的验证等安全措施，甚至划分出可以单独或合并表征安全信任等级的域，但随着用户需求的变化和发展，安全问题仍然不可小觑。

③计费和监控：随着 OpenStack 在公有云平台中的进一步部署，计费和监控成为公有云运营中的一个重要环节。云平台的管理者和云计算服务的提供者必然会进一步开发 OpenStack 的商业价值。尽管 OpenStack 中已经有 Ceilometer 计量组件，通过其提供的 API 可以实现收集云计算里面的基本数据和其他信息，但这项工程目前尚处于完善和测试阶段，还需要大量的技术人员予以维护和支持。

OpenStack 的各项服务之间通过统一的 REST 风格的 API 调用，实现系统的松耦合。其内部组件的工作过程是一个有序的整体。如计算资源分配、控制调度、网络通信等都通过 AMQP 实现。OpenStack 的上层用户是程序员、一般用户和 Horizon 界面等模块。这三者都是采用 OpenStack 各个组件提供的 API 进行交互，而它们之间则是通过 AMQP 进行互相调用，共同利用底层的虚拟资源为上层用户和程序提供云计算服务。

OpenStack 既然是一个开源的云平台项目，其主要任务就是给用户提供 IaaS 服务。

QEMU 是一个纯软件的计算机硬件仿真器。通过单独运行 QEMU 来模拟物理计算机，具有非常灵活和可移植的特点，利用其能够达到使用软件取代硬件的效果。[1]

一般情况下，OpenStack 可以部署在 Ubuntu 的 Linux 操作系统上，为了进一步提高 QEMU 的运行效率，往往会增加一个 KVM 硬件加速模块。KVM

内嵌在 Linux 操作系统内核之中，能够直接参与计算机硬件的调度，这一点是 QEMU 所不具备的。一般的 QEMU 程序的执行必然要经过程序从用户态向内核态的转变，这也会在一定程度上降低效率。所以 QEMU 虽然能够通过转换对硬件进行访问，但在 OpenStack 中往往还是会采用 KVM 进行辅助，使得 OpenStack 的性能表现得更为良好。

但需要说明的是，KVM 需要良好的硬件支持，有些硬件本身如果不支持虚拟化的话，KVM 则不能使用。

Libvirt 是一个开源的、支持 Linux 下虚拟化工具的函数库。实质上其就是为构建虚拟化管理工具的 API 函数。Libvirt 是为了能够更方便地管理平台虚拟化技术而设计的开放源代码的应用程序接口，其不仅提供了对虚拟化客户机的管理，也提供了对虚拟化网络和存储的管理。

最初的 Libvirt 是只针对 Xen 而设计的一系列管理和调度 Xen 下的虚拟化资源的 API 函数，目前高版本的 Libvirt 可以支持多种虚拟化方案，包括 KVM、QEMU、Xen、VMware、VirtualBox 等在内的平台虚拟化方案。Libvirt 支持 Openvz、LXC 等 Linux 容器虚拟化系统，还支持用户态 Linux（UML）的虚拟化，它能够对虚拟化方案中的 Hypervisor 进行适配，让底层 Hypervisor 对上层用户空间的管理工具可以做到完全透明。

OpenStack 覆盖了网络、虚拟化、操作系统、服务器等各个方面。其是一个正在开发中的云计算平台项目，根据成熟及重要程度的不同，被分解成核心项目、孵化项目，以及支持项目和相关项目。每个项目都有自己的委员会和项目技术主管，而且每个项目都不是一成不变的，孵化项目可以根据发展的成熟度和重要性，转变为核心项目。下面列出了截止到 Icehouse 版本的10 个核心项目（OpenStack 服务）。

①计算（Compute）：Nova。一套控制器，用于为单个用户或使用群组管理虚拟机实例的整个生命周期，根据用户需求来提供虚拟服务。负责虚拟机创建、开机、关机、挂起、暂停、调整、迁移、重启、销毁等操作，配置 CPU、内存等信息规格。自 Austin 版本集成到项目中。

②对象存储（Object Storage）：Swift。一套用于在大规模可扩展系统中通过内置冗余及高容错机制实现对象存储的系统，允许进行存储或者检索文件。可为 Glance 提供镜像存储，为 Cinder 提供卷备份服务。自 Austin 版本集成到项目中。

③镜像服务（Image Service）：Glance。一套虚拟机镜像查找及检索系

统，支持多种虚拟机镜像格式（AKI、AMI、ARI、ISO、QCOW2、Raw、VDI、VHD、VMDK），有创建上传镜像、删除镜像、编辑镜像基本信息的功能。自 Bexar 版本集成到项目中。

④身份服务（Identity Service）：Keystone。为 OpenStack 其他服务提供身份验证、服务规则和服务令牌的功能，管理 Domains、Projects、Users、Groups、Roles。自 Essex 版本集成到项目中。

⑤网络 & 地址管理（Network）：Neutron。提供云计算的网络虚拟化技术，为 OpenStack 其他服务提供网络连接服务。为用户提供接口，可以定义 Network、Subnet、Router，配置 DHCP、DNS、负载均衡、L3 服务，网络支持 GRE、VLAN。插件架构支持许多主流的网络厂家和技术，如 Open vSwitch。自 Folsom 版本集成到项目中。

⑥块存储（Block Storage）：Cinder。为运行实例提供稳定的数据块存储服务，其插件驱动架构有利于块设备的创建和管理，如创建卷、删除卷，在实例上挂载和卸载卷。自 Folsom 版本集成到项目中。

⑦UI 界面（Dashboard）：Horizon。OpenStack 中各种服务的 Web 管理门户，用于简化用户对服务的操作，如启动实例、分配 IP 地址、配置访问控制等。自 Essex 版本集成到项目中。

⑧测量（Metering）：Ceilometer。像一个漏斗一样，能把 OpenStack 内部发生的几乎所有的事件都收集起来，然后为计费和监控及其他服务提供数据支撑。自 Havana 版本集成到项目中。

⑨部署编排（Orchestration）：Heat。提供了一种通过模板定义的协同部署方式，实现云基础设施软件运行环境（计算、存储和网络资源）的自动化部署。自 Havana 版本集成到项目中。

⑩数据库服务（Database Service）：Trove。为用户在 OpenStack 的环境中提供可扩展和可靠的关系及非关系数据库引擎服务。自 Icehouse 版本集成到项目中。

2.1.4　OpenFlow 概述

OpenFlow 是一种网络通信协议，属于数据链路层，能够控制网上交换机或路由器的转发平面（Forwarding Plane），借此改变网络数据包所走的网络路径。

OpenFlow 的最初概念始于 2008 年的斯坦福大学。到 2009 年 12 月，

OpenFlow 交换规范 1.0 版发布。自成立以来，OpenFlow 一直由开放网络基金会（ONF）管理，ONF 是一个致力于开放标准和 SDN 应用的用户主导型组织。

自其发布以来，多家公司和 OpenDaylight Project 等开源项目都支持 OpenFlow，甚至还提供了 OpenDaylight 控制器。思科和博科等其他公司也提供使用 OpenFlow 的控制器，以及 Cisco XNC 和 Brocade Vyatta 控制器。

OpenFlow 能够启动远程的控制器，决定网络数据包要由何种路径通过网络交换机。这个协议的发明者，将其当成 SDN 的启动器。

OpenFlow 允许从远程控制网络交换器的数据包转送表，通过新增、修改与移除数据包控制规则与行动，来改变数据包转送的路径。比起用访问控制表（ACLs）和路由协议，其允许更复杂的流量管理。同时，OpenFlow 允许不同供应商用一个简单、开源的协议去远程管理交换机（通常提供专有的接口和描述语言）。

OpenFlow 用来描述控制器和交换机之间交互所用信息的标准，以及控制器和交换机的接口标准。协议的核心部分用于 OpenFlow 协议信息结构的集合。

OpenFlow 支持 3 个信息类型：Controller-to-Switch、Asynchronous 和 Symmetric，每个类型都有多个子类型。Controller-to-Switch 信息由控制器发起并且直接用于检测交换机的状态。Asynchronous 信息由交换机发起并通常用于更新控制器的网络事件和改变交换机的状态。Symmetric 信息可以在没有请求的情况下由控制器或交换机发起。

开发者自行制造设备的方法一般是使用 PC 服务器或专用硬件搭建自己的交换路由设备，受限于主机能装备的网卡数量，这种方法不能获得足够大密度的端口（一般交换机很容易达到 48 个或者更多的端口，而主机即使插上多块网卡也很难有这么多的端口），而且研究设备的交换性能一般也远不如同价格的商用设备。在这种情况下，OpenFlow 论坛提出新的交换设备解决方案必须具有以下 4 个特点。

第一，设备必须具有商用设备的高性能和低价格的特点。

第二，设备必须能支持各种不同的研究范围。

第三，设备必须能隔绝实验流量和运行流量。

第四，设备必须满足设备制造商封闭平台的要求。

由于 OpenFlow 对网络的创新发展起到了巨大的推动作用，因此受到了广泛的关注和支持。由美国科学基金会（NSF）支持的"Global Environment for Network Investigations"（GENI）计划对 OpenFlow 进行了资金支持并已开始实施"GENI Enterprise"计划。

自 2007 年提出以来，OpenFlow 已经在硬件和软件支持方面取得了长足的发展。从 OpenFlow 推出开始，日本 NEC 就对 OpenFlow 的相关硬件进行了跟进性的研发，NEC 的 IP8800/S3640-24T2XW 和 IP8800/S3640-48T2XW 是支持 OpenFlow 最成熟的两款交换机。CISCO、Juniper、Toroki 和 Pronto 也相继推出了支持 OpenFlow 的交换机、路由器、无线网络接入点（AP）等网络设备。此外，具有 OpenFlow 功能的 AP 也已在斯坦福大学进行了部署，标志着 OpenFlow 已不再局限于固网。2009 年 12 月，OpenFlow 规范发布了具有里程碑意义的可用于商业化产品的 1.0 版本，而且支持规范 1.0 的软件 Indigo 也已发布了 Beta 版本。OpenFlow 相应的支持软件，如 OpenFlow 在 Wireshark 抓包分析工具上的支持插件、OpenFlow 的调试工具（Liboftrace）、OpenFlow 虚拟计算机仿真（OpenFlow VMS）等也已日趋成熟。

OpenFlow 于 2008 年和 2009 年连续两年获得了 SIGCOMM 的最佳演示奖，并且享有声望的 *MIT Technology Review* 杂志把 OpenFlow 选为十大未来技术，认为其具有实力改变未来的日常生活。此外，乔治亚工学院、哥伦比亚大学、多伦多大学及首尔大学分别以讲座和工程实践的方式开设了 Open-Flow。OpenFlow 已经在美国斯坦福大学、Internet2、日本的 JGN2plus 及其他的 10～15 个科研机构中部署，并将在其国家科研骨干网及其他科研和生产中应用。OpenFlow 的国际覆盖已经包括日本、葡萄牙、意大利、西班牙、波兰和瑞典等国家。

OpenFlow 网络由 OpenFlow Switch（OpenFlow 交换机）、FlowVisor（网络虚拟化层）和 Controller（控制器）3 个部分组成。OpenFlow Switch 进行数据链路层的转发；FlowVisor 对网络进行虚拟化；Controller 对网络进行集中控制，实现控制层的功能。

OpenFlow Switch 是整个 OpenFlow 网络的核心部件，主要管理数据链路层的转发。OpenFlow Switch 拥有一个 FlowTable（流表），其只按照流表进行转发，FlowTable 的生成、维护和下发由外置的 Controller 来实现。这里的 FlowTable 并非是指 IP 五元组（IP 源地址、IP 目的地址、协议号、源端口、目的端口），OpenFlow1.0 规范定义了包括输入端口、MAC 源地址、MAC 目的地址、以太网类型、VLANID、IP 源地址、IP 目的地址、IP 端口、TCP 源端口、TCP 目的端口在内的 10 个关键字（十元组）。FlowTable 中的每个关键字都可以通配，网络的运营商可以决定使用何种粒度的流。例如，运营商只需要根据目的 IP 进行路由，那么 FlowTable 中就可以只有 IP 目的地址字段是有效的，其他全为通配。传统网络中数据包的流向是人为指定的，虽然交换机、路由器拥有控制权，却没有数据流的概念，只进行数据包级别的交换；而在 OpenFlow 网络中，统一的 Controller 取代路由，决定了所有数据包在网络中传输的路径。

OpenFlow 采用控制和转发分离的架构，意味着 MAC 地址的学习由 Controller 来实现，VLAN 和基本的路由配置也由 Controller 下发给 OpenFlow Switch。对于三层网络设备，各类路由器运行在 Controller 之上，Controller 根据需要下发给相应的路由器。当一个 Controller 同时控制多个 OpenFlow Switch 时，其看起来就像一个大的逻辑交换机。

FlowTable 的下发可以是主动的，也可以是被动的。

主动模式：Controller 将自己收集的 FlowTable 信息主动下发给 OpenFlow Switch，随后 OpenFlow Switch 可以直接根据 FlowTable 进行转发。

被动模式：OpenFlow Switch 收到数据包后，首先在本地的 FlowTable 上查找转发目标端口，如果没有匹配，则把数据包转发给 Controller，由控制层决定转发端口，并下发相应的 FlowTable。被动模式的好处是网络设备无须维护全部的 FlowTable，只有当实际的流量产生时才向 Controller 获取 FlowTable 记录并存储，当记录老化时可以删除相应的 FlowTable，故能够大大节省存储器空间。

OpenFlow Switch 由 FlowTable（流表）、Secure Channel（安全通道）和 OpenFlow Protocol（协议）3 个部分组成。

FlowTable：由很多个流表项组成，每个流表项就是一个转发规则。进入交换机的数据包通过查询流表来获得转发的目的端口。流表项由头域、计数器和操作组成：其中头域是个十元组，是流表项的标识；计数器用来计算流表项的统计数据；操作标明了与该流表项匹配的数据包应该执行的操作。

Secure Channel：安全通道是连接 OpenFlow Switch 到控制器的接口。控制器通过这个接口控制和管理交换机，同时控制器接收来自交换机的事件并向交换机发送数据包。交换机和控制器通过安全通道进行通信，而且所有的信息必须按照 OpenFlow Protocol 规定的格式来执行。

OpenFlow Protocol：用来描述控制器和交换机之间交互所用信息的标准，以及控制器和交换机的接口标准。

OpenFlow 的应用是很广泛的，此处只列举 5 个比较典型的应用。

OpenFlow 在校园网络中的应用。如果我们可以让校园网具有 OpenFlow 的特征，则可以为学生和科研人员实现新协议和新算法提供一个试验平台。OpenFlow 网络试验平台不仅更接近真实网络的复杂度，实验效果更好，而且可以节约实验费用，包括斯坦福大学在内的几所高校已经部署了 Open-Flow 交换机，取得了很好的实验效果。

OpenFlow 在广域网和移动网络中的应用。在广域网和移动网络中添加具有 OpenFlow 特征的节点，将带来众多的好处。例如，可以使得固网和移动网络实现无缝控制、使得 VPN 的管理更加灵活等。NEC 已经利用 Open-Flow 控制技术对快速、宽带的移动网络进行高效、灵活的网络管理，并解决了两个课题。第一个是在多个移动通信方式中实现动态切换。在移动通信混杂及通信环境恶化时，动态切换通信方式，将满足通信服务所需的服务品质，提供给终端用户。第二个是移动回环网络的节能。在一天当中通信量相对较少的夜晚时段，可以汇集网络路径，关闭多余的中转基站的电源，从而节省能源。

OpenFlow 在数据中心网络中的应用。在数据中心网络中使用 Open-Flow Switch，可以使得网络和计算资源更加紧密地联系起来并实现有效的控制。数据中心的数据流量很大，如果不能合理分配传输路径很容易造成数据拥塞，从而影响数据中心的高效运行。若在数据中心网络中添加 OpenFlow Switch，则可以实现路径优化及负载均衡，从而使得数据交换更加迅速。

OpenFlow 在网络管理和安全控制中的应用。如果网络是基于 OpenFlow 技术实现的，则经过 OpenFlow Switch 的每个新的数据流都必须由控制器来做出转发决定。在控制器中可以对这些数据流按照预先制定的规则进行检查，然后由控制器指定数据流的传输路径及处理策略，从而更好地控制网络。更为重要的是，在内部网络和外网的连接处应用 OpenFlow Switch 可以通过更改数据流的路径及拒绝某些数据流来增强企业内网的安全性。

基于 OpenFlow 实现 SDN。在 SDN 中，交换设备的数据链路层和控制层是分离的，因此网络协议和交换策略的升级只需要改动控制层。OpenFlow 在 OpenFlow Switch 上实现数据转发，而在控制器上实现数据的转发控制，从而实现了数据转发层和控制层的分离。基于 OpenFlow 实现 SDN，则在网络中实现了软硬件的分离及底层硬件的虚拟化，从而为网络的发展提供了一个良好的发展平台。

由于网络暴露出了越来越多的弊病及人们对网络性能需求的提高，研究人员不得不把很多复杂功能加入到路由器的体系结构当中，如 OSPF、BGP、组播、区分服务、流量工程、NAT、防火墙、MPLS 等，这就使得路由器等交换设备越来越臃肿而且性能提升的空间越来越小。

然而与网络领域的困境截然不同的是，计算机领域实现了日新月异的发展。仔细回顾计算机领域的发展，无难发现关键在于其找到了一个简单可用的硬件底层（x86 指令集）。由于有了这样一个公用的硬件底层，所以在软件方面，无论是应用程序还是操作系统都取得了飞速的发展。很多主张重新设计计算机网络体系结构的人士认为：网络可以复制计算机领域的成功经验来解决网络所遇到的所有问题。在这种思想的指导下，未来的网络必将是这样的：底层的数据通路（交换机、路由器）是"哑的、简单的、最小的"，并定义一个对外开放的关于流表的公用的 API，同时采用控制器来控制整个网络。未来的研究人员就可以在控制器上自由地调用底层的 API 来编程，从而实现网络的创新。

OpenFlow 正是这种网络创新思想强有力的推动者。OpenFlow Switch 将原来完全由交换机/路由器控制的报文转发过程转化为由 OpenFlow Switch 和 Controller 来共同完成，从而实现了数据转发和路由控制的分离。控制器可以通过事先规定好的接口操作来控制 OpenFlow Switch 中的流表，从而达到控制数据转发的目的。

因此，OpenFlow 开启了一条网络创新的道路。如果 OpenFlow 得到广泛的应用和推广，则未来的网络将如曾经的计算机一样取得日新月异的发展。

2.1.5　常用协议

常用的虚拟专用网络协议有以下 7 种。

①IPSec（IP Security）：保护 IP 协议安全通信的标准，其主要对 IP 协议分组进行加密和认证。

IPSec 作为一个协议族（即一系列相互关联的协议）由以下部分组成。

a. 保护分组流的协议；

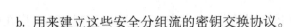

b. 用来建立这些安全分组流的密钥交换协议。

前者又分成两个部分：加密分组流的封装安全载荷（ESP）及较少使用的认证头（AH），认证头提供了对分组流的认证并保证其消息完整性，但不提供保密性。IKE 协议是唯一已经制定的密钥交换协议。

②PPTP（Point to Point Tunneling Protocol）：点到点隧道协议在互联网上建立 IP VPN 隧道的协议，主要内容是在互联网上建立多协议安全 VPN 的通信方式。

③L2F（Layer 2 Forwarding）：第二层转发协议。

④L2TP（Layer 2 Tunneling Protocol）：第二层隧道协议。

⑤GRE：VPN 的第三层隧道协议。

⑥OpenVPN：OpenVPN 使用 OpenSSL 库加密数据与控制信息和 OpenSSL 的加密及验证功能，意味着其能够使用任何 OpenSSL 支持的算法。其提供了可选的数据包 HMAC 功能以提高连接的安全性。此外，OpenSSL 的硬件加速也能提高其性能。

⑦MPLS VPN 集隧道技术和路由技术于一身，吸取基于虚电路的 VPN 的 QoS 保证的优点，并克服了其未能解决的缺点。MPLS 组网具有极好的灵活性、扩展性，用户只需一条线路接入 MPLS 网，便可以实现任何节点之间的直接通信，也可实现用户节点之间的星型、全网状及其他任何形式的逻辑拓扑。

（1）使用方法

企业向运营商申请租用一批便携网使用账号（License），由企业自行管理分配账号。企业管理员可以将需要使用便携网的各个部门分为不同的 VPN 域，即不同的工作组，可分为财务、人事、市场、外联部等。同一工作组内的成员可以互相通信，既加强了成员之间的联络，又保证了数据的安全。而各个工作组之间不能互相通信则保证了企业内部数据的安全。

（2）技术特点

1）安全保障

虽然实现 VPN 的技术和方式很多，但所有的 VPN 均应保证通过公用网络平台传输数据的专用性和安全性。在安全性方面，由于 VPN 直接构建在公用网上，实现简单、方便、灵活，但同时其安全问题也更为突出。企业必须确保其 VPN 上传送的数据不被攻击者窥视和篡改，并且要防止非法用户对网络资源或私有信息的访问。

2）服务质量保证（QoS）

VPN 应当为企业数据提供不同等级的 QoS。不同的用户和业务对 QoS 的要求差别较大。在网络优化方面，构建 VPN 的另一重要需求是充分有效地利用有限的广域网资源，为重要数据提供可靠的带宽。广域网流量的不确定性使其带宽的利用率很低，在流量高峰时容易引起网络阻塞，使实时性要求高的数据得不到及时发送；而在流量低谷时又容易造成大量的网络带宽空闲。

QoS 通过流量预测与流量控制策略，可以按照优先级实现带宽管理，使得各类数据能够合理地被先后发送，并预防阻塞的发生。

3）可扩充性和灵活性

VPN 必须能够支持通过 Intranet 和 Extranet 的任何类型的数据流，方便增加新的节点，支持多种类型的传输媒介，可以满足同时传输语音、图像和数据等新应用对高质量传输及带宽增加的需求。

4）可管理性

从用户角度和运营商角度应可方便地进行管理、维护。VPN 管理的目标为：减小网络风险，具有高扩展性、经济性、高可靠性等优点。事实上，VPN 管理主要包括安全管理、设备管理、配置管理、访问控制列表管理、QoS 管理等内容，其主要优势有以下 5 点。

①建网快速方便。用户只需将各网络节点采用专线方式本地接入公用网络，并对网络进行相关配置即可。

②降低建网投资。由于 VPN 是以公用网络为基础而建立的虚拟专网，因而可以避免建设传统专用网络所需的高额软硬件投资。

③节约使用成本。用户采用 VPN 组网，可以大大节约链路租用及网络维护费用，从而减少企业的运营成本。

④网络安全可靠。实现 VPN 主要采用国际标准的网络安全技术，通过在公用网络上建立逻辑隧道及网络层的加密，避免网络数据被修改和盗用，保证了用户数据的安全性及完整性。

⑤简化用户对网络的维护及管理。大量的网络管理及维护工作由公用网络服务提供商来完成。

2.2 网络虚拟化模型和特点

2.2.1 网络虚拟化模型

网络虚拟化模型如图 2-1 所示。网络虚拟化环境下[1-6]，现有的网络被划分为底层网络和虚拟网络。网络虚拟化模型中的角色包括基础设施提供商、服务提供商、终端用户。下文将对各个角色进行详细描述。

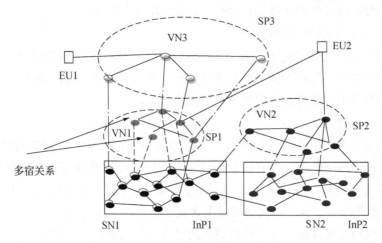

图 2-1 网络虚拟化模型

（1）基础设施提供商（InP）

基础设施提供商的职责是建设和管理底层网络资源，并通过可编程接口向不同的服务提供商提供底层网络资源。不同的基础设施提供商提供的资源在数量、质量、位置、覆盖范围等方面都存在区别。服务提供商可以根据自身业务发展的需要，租用不同 InP 的资源来创建虚拟网络。例如，在图 2-1 中，包含 InP1 和 InP2 共两个基础设施提供商。

（2）服务提供商（SP）

服务提供商的职责是从单个 InP 或者多个 InP 那里租用底层网络资源，来创建自己的虚拟网络，部署自己的服务，提供给终端用户使用。通过建立虚拟网络，服务提供商可以为终端用户提供有特色的服务、端到端的服务等有竞争力的服务。例如，在图 2-1 中，包含 SP1、SP2、SP3 共 3 个服务提供商。同时，服务提供商也可以将自己的虚拟网络资源提供给其他的服务提供商使用。服务提供商分割未使用的虚拟网资源来创建子虚拟网，相当于 SP 承担了一个虚拟 InP 的角色，将自身的部分资源租用给其他的服务提供商。例如，在图 2-1 中，SP1 将其从 InP1 租用的部分资源租用给 SP3。

（3）终端用户（EU）

在网络虚拟化模型中，终端用户的角色与现有网络环境中的终端用户相似。但是在网络虚拟化环境下，虚拟网的建设和维护更加简单，业务类型更加丰富多样，相互竞争的虚拟网络服务较多，终端用户可选择的服务范围和种类更加广泛。所以在网络虚拟化环境下，一个终端用户同时连接多个虚拟网络，同时使用不同服务提供商服务的情况比较常见。例如，在图 2-1 中，包含 EU1、EU2 共两个终端用户，其中 EU1 连接到 VN3 上，使用 VN3 上的服务；EU2 同时连接到 VN1 和 VN2 上，使用 VN1 和 VN2 上的服务。

2.2.2　网络虚拟化的特点

网络虚拟化的特点主要包括以下 4 点[1-6]。

（1）共存关系

共存关系是指不同的服务提供商的多个虚拟网络可以全部或部分部署在相同或者不同的 InP 提供的底层物理网络之上。例如，在图 2-1 中，VN1、VN2、VN3 就是具有共存关系的 3 个虚拟网络。

（2）嵌套关系

基于一个现有的虚拟网络，在其上面创建一个或多个新的虚拟网络，新创建的虚拟网络和原虚拟网络的层次关系可以被描述为虚拟网络的嵌套关系，这种特性也被称为虚拟网络的父子关系。例如，在图 2-1 中，SP1 在 InP1 提供的底层网络之上创建了一个虚拟网络。同时，SP1 将其创建的虚拟网络的一部分未使用的资源租用给 SP3，可以将 SP1 看作 SP3 的虚拟 InP。这种层次结构可以持续进行，直到创建的子虚拟网的累计开销大于当前虚拟网络中可以使用的资源容量。

（3）继承关系

虚拟网络可以继承其父网络的属性，这种特性被称为继承关系。继承关系表明父网络的属性可以自动传递给其子网络。例如，在图 2-1 中，SN2 自身含有的属性可以自动传递给 VN2。继承关系也允许 SP 在将其创建的子网络转售给其他 SP 时，充分使用其网络具有的特有属性来提高网络价值。

（4）多宿关系

多宿关系是指一个底层网络的节点上面可以同时创建同一个虚拟网络的多个虚拟节点。例如，在一个大型的复杂网络环境中，需要使用多个逻辑的路由器来支撑不同的业务和功能，SP 可以在逻辑上重排自己的网络结构，简化虚拟网络的管理，提升网络运行维护的效率。另外，多宿关系也有助于创建网络测试床。例如，在图 2-1 中，VN1 中给出了一个多宿关系的例子。多宿关系通常由服务提供商使用虚拟资源的可编程接口实现。

2.3 网络虚拟化环境下网络资源分配与故障诊断的基本概念

基于已有的研究成果[7-14]，下文给出了网络虚拟化环境下进行资源分配与故障诊断技术研究需要用到的一些基本概念。

（1）底层网络

底层网络由底层节点和底层链路构成。底层节点的属性包括节点位置和节点吞吐量。底层链路的属性为链路带宽。例如，图 2-2 的右边显示了一个底层网络。链路上面的数字表示链路的带宽（单位为兆位每秒，字母表示为 Mbps），节点旁边的正方形中的数字表示节点的吞吐量（单位为百万包每秒，字母表示为 Mpps）。

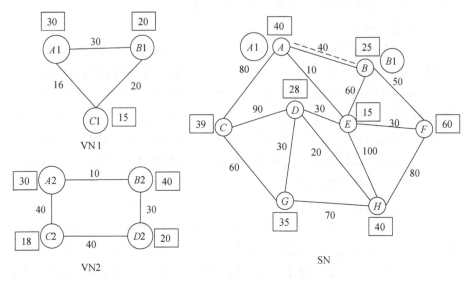

图 2-2　虚拟网资源分配举例

（2）虚拟网络

虚拟网络由虚拟节点和虚拟链路构成。虚拟节点的属性包括虚拟节点位置、虚拟节点吞吐量和虚拟节点距离限制。其中，虚拟节点位置是指 SP 指定的、希望虚拟节点能够被分配到的底层节点的位置。虚拟节点的距离限制是指分配给虚拟节点资源的底层节点的位置与虚拟节点的位置之间的距离值。虚拟链路的属性为链路带宽。例如，图 2-2 的左边表示了两个虚拟网 VN1、VN2。虚拟网的生命周期服从指数分布。

（3）资源分配

当底层网络接收到虚拟网的资源分配请求（简称为"虚拟网请求"）时，需要使用资源分配算法为虚拟网分配资源。虚拟网请求到达服从泊松分布。

虚拟网资源分配是为虚拟网的建立所进行的资源配置工作，也被称为虚拟网映射[7-9,15-19]。每个虚拟网请求都有一个等待时间，如果资源分配算法为虚拟网分配资源的时间超过虚拟网请求的等待时间，当前的虚拟网请求将被取消。在已有的研究中，虚拟网资源分配由节点资源分配和链路资源分配两部分构成。

节点资源分配是指根据虚拟节点的约束条件，将底层节点的资源分配给虚拟节点。如图 2-2 所示，VN1 中的虚拟节点 $A1$ 的约束条件是吞吐量 30 Mpps，在底层网络中，能满足 $A1$ 约束条件的底层节点包括：A、C、F、G、H。在图 2-2 中，选择底层节点 A 为虚拟节点 $A1$ 分配资源。

链路资源分配是指根据虚拟链路的源节点和宿节点被映射的底层节点及虚拟链路的约束条件，将底层网络的一条底层链路或者多条底层链路的资源分配给虚拟链路。如图 2-2 所示，VN1 中的虚拟链路（$A1$，$B1$）的源节点和宿节点分别被映射在底层节点 A 和 B 上，虚拟链路（$A1$，$B1$）的约束条件是带宽容量 30 Mbps，在 SN 中，能满足虚拟链路（$A1$，$B1$）约束条件的底层路径包括 $\{(A, B)\}$、$\{(A, C)$，(C, D)，(D, E)，$(E, B)\}$、$\{(A, C)$，(C, G)，(G, D)，(D, E)，$(E, B)\}$、$\{(A, C)$，(C, G)，(G, H)，(H, E)，$(E, B)\}$、$\{(A, C)$，(C, G)，(G, H)，(H, F)，$(F, B)\}$、$\{(A, C)$，(C, G)，(G, H)，(H, F)，(F, E)，$(E, B)\}$。在图 2-2 中，选择底层路径 $\{(A, B)\}$ 为虚拟链路（$A1$，$B1$）分配资源。

（4）组件

每个组件都是系统中的元素，包括虚拟组件和底层组件。虚拟组件包括虚拟节点和虚拟链路。底层组件包括底层节点和底层链路。

（5）服务

服务是由虚拟网络提供的、为满足终端用户一定需求的功能集合，如在虚拟网上为用户提供的 IPTV 服务、网络游戏服务、端到端的语音通信服务等。一个服务由多个虚拟组件承载，不同服务可能依赖相同的虚拟组件。本书主要研究端到端的虚拟网服务。

（6）症状

症状是服务运行时所表现出来的可观测信息。其是由被管网络上报给网管系统的信息。本研究将服务的正常信息描述为正症状，将服务的异常信息描述为负症状。

（7）故障

组件不能执行其所要求功能时，会导致一个或者多个负症状发生。一个负症状的发生，一定是由于一个或者多个组件不能执行其所要求功能导致的。当组件能执行其所要求功能时，只与其相关的负症状不会发生。同样，当所有组件能执行其所要求功能时，所有服务都正常运行，网管系统接收的都是正症状。本研究将组件不能执行其所要求功能的状态描述为故障。

2.4 网络虚拟化环境下网络资源分配技术综述

2.4.1 网络虚拟化环境下网络资源分配的研究现状

下文将从网络资源管理和服务管理两个角度，描述资源分配的研究现状。其中，网络资源管理方面，研究的问题主要是从 InP 的角度，考虑如何解决将虚拟网络映射到底层网络上，提高底层网络的资源利用率；服务管理方面，通过设计 InP 和 SP 之间的资源分配机制，创建一个公平的交易环境，在 InP 和 SP 交易时，参与各方能够得到较好的经济收益和效用。

（1）网络资源管理的角度

从所考虑的网络环境方面看，资源分配的方法可以分为静态网络环境下的资源分配和网络进化环境下的资源分配两种。其中，静态网络环境下的资源分配是指资源分配时，网络环境不会发生改变。网络进化环境下的资源分配是指资源分配时，要考虑到底层网络和虚拟网络的生命周期、底层网络资源的故障等环境变化对资源分配算法的影响。

1）静态网络环境下的资源分配

在静态网络环境下的资源分配方面，当前的研究较多，典型研究成果有参考文献［7-9］。参考文献［7］引入节点压力和链路压力量化底层节点和底层链路的资源使用量，提出了能够实现底层网络负载均衡的虚拟网映射算法，但是在每个虚拟网请求中，仅仅考虑了虚拟链路请求有约束条件，而没有考虑虚拟节点请求的约束条件。考虑到虚拟链路和虚拟节点请求的约束条件，同时为了提高底层网络资源利用率，参考文献［8］采用两种方法简化链路资源分配：一种方法是允许算法把虚拟网络的链路带宽需求划分到多个底层链路上；另一种方法是使用路径重配置算法，周期性地将底层网络上的部分虚拟资源进行重配置，提高底层网络资源的利用率。在节点映射方面，参考文献［8］提出了客户化定制的虚拟网拓扑映射算法。虽然参考文献［8］提高了底层网络的资源利用率，但是没有考虑路径分割和周期性重配置会使得算法为每个虚拟网分配资源的时间增加，导致算法的分配效率较低。参考文献［9］通过协调节点映射和链路映射的关系，提出了一种基于整数规划的映射算法，该算法通过放松整数函数限制、扩大底层网络的范围，设计了基于线性规划解决虚拟网映射问题的方法，提出的确定性和随机性整数规划算法都增加了虚拟网的映射成功率和映射回报率。由于参考文献［9］使用整数规划的方法为每个虚拟节点求解可以映射的底层节点，需要花费的时间较长，使算法为每个虚拟网请求分配资源的时间较长，导致算法的分配效率较低。

2）网络进化环境下的资源分配

网络环境随着底层网络资源的增加和删除、虚拟网的到来和离开等情况的发生而改变，所以必须进行重配置，保证网络的正常运行。网络进化环境下典型的重配置算法研究见参考文献［7-8，15-16，18-19］。下文将从3个方面分别进行描述。

①实现底层网络的负载均衡。参考文献［7］提出选择性的重配置策略G-SP，该策略用于周期性重配置一些关键的虚拟网，这些关键的虚拟网络是指它的部分资源导致部分底层网络资源压力过大，存在的主要问题是重配置算法被周期性执行，如果周期长度设置不合理，会造成映射失败次数增加，也会造成重配置算法对网络资源开销较大。参考文献［15］中，每一个虚拟节点计算它的底层链路的拥塞程度，当虚拟节点发现底层链路拥塞程度超过设计的阈值时，重配置收益最大的虚拟节点便从当前底层节点上重配

置到相邻的底层节点上，降低底层链路的拥塞，但是，这种重配置的判断条件仅仅是单个底层节点根据其已知的信息进行重配置，不能保证当前的资源重配置策略是整个网络中的全局最优解。

②解决底层网络资源故障或者被删除导致虚拟网不可用的问题。为解决底层节点故障导致虚拟节点不可用的问题，参考文献［18］提出了贪婪算法。该算法可以从所有底层节点中找到正常的并且最优的底层节点代替故障的底层节点，承载故障底层节点上的虚拟节点，但是贪婪算法要遍历所有的底层节点，会消耗大量的网络资源。为了解决底层链路故障，参考文献［19］提出了启发式策略，但是该策略基于快速重路由方法，需要提前预留底层网络资源，导致底层链路的平均带宽利用率较低。

③接收更多的虚拟网请求的方法。参考文献［7］提出了周期性的虚拟节点重配置算法，包括查找和重配置两个子算法，查找子算法查找压力最大的底层节点，重配置子算法对承载在最大压力的底层节点上的虚拟网络重新分配资源。参考文献［8］提出的重配置算法首先查找周期内由于没有链路资源而导致分配失败的 VN 请求，之后遍历每一个失败的 VN 请求，定位缺少的底层链路资源，并对该底层链路资源上的 VN 进行重配置，确保映射失败的 VN 请求的链路资源能够得到满足。由于参考文献［7 - 8］提出的重配置算法都是周期性执行，没有考虑选择合适的重配置时机。所以如果周期长度设置不合理，会造成映射失败次数增加，也会造成重配置算法对网络资源的开销较大。

另外，从资源分配时采用的算法方面，可以将现有的资源分配研究分为集中式和分布式两种。在集中式方法中[7 - 8,18 - 19]，资源分配算法被一个管理中心执行。管理中心接收到虚拟网请求，然后决定是否为其分配底层网络资源。为了降低复杂性，提高资源分配算法的执行效率和稳定性，分布式算法基于多管理节点的架构[15 - 16]，通过多个管理中心相互协作，实现资源分配。在资源分配的网络架构方面，参考文献［16］提出了分布式网络环境下的虚拟网资源分配架构，其不但能够实现资源的分配，还考虑了负载均衡方法，并提出了基于 Agent 的底层网络节点映射机制及映射通信协议。与集中式资源分配算法相比，分布式算法在响应时间、资源分配的全局最优化方面存在不足。

从上述分析可见，关于静态网络环境下的资源分配方面，当前的研究较多，已经取得了一些重要的研究成果。但是已有的研究成果主要集中在解决如何提高底层网络资源利用率的问题，没有考虑如何解决现有算法对资源进行分配时效率低的问题。网络进化环境下的资源分配研究是当前的研究热点，也是一个重要的研究方向[20-21]。当前关于网络进化环境下的资源分配已经取得了一些研究成果，但是已有研究成果存在的主要问题是资源重配置时机的选择不合理，导致重配置算法对网络性能的负面影响较大。

（2）服务管理的角度

已有的非网络虚拟化环境下的服务管理典型研究包括参考文献 [22 - 23]，但这些研究成果不能被应用到网络虚拟化环境，主要原因是参与的角色不同。传统网络的研究仅仅集中在网络服务提供商和用户之间。但是网络虚拟化环境下，参与的角色变为基础设施提供商、服务提供商、终端用户 3 种。

已有的从服务管理的角度进行网络虚拟化环境下资源分配的典型研究包括参考文献 [24 - 26]。参考文献 [24] 从服务管理的角度考虑到虚拟网环境下的资源分配，但是仅仅考虑基于拍卖的带宽资源分配，没有考虑节点资源分配。同时考虑链路资源分配和节点资源分配的参考文献包括 [25 - 26]。参考文献 [25] 提出了基于拍卖的任务分解的公平市场框架 V-MART，但是 V-MART 是从单个 SP 的角度，以 SP 最小花费为目标进行虚拟网的资源分配，如果将 V-MART 应用到多 InP 和多 SP 竞争环境下，资源分配的效率则较低，并且不能使 InP 和 SP 获得全局最优的资源分配策略。参考文献 [26] 提出多 InP 之间协商的分布式资源分配协议，实现端到端通信跨越多个 InP 的底层网络时，SP 花费最小化的目标，存在的主要问题是没有考虑多个 SP 参与时，对多 InP 之间协商机制的影响。

综上所述，从服务管理的角度进行网络虚拟化环境下资源分配的相关研究较少，此方面的研究仍处在起步阶段，当前研究则主要集中在解决单个 SP 向单个 InP 或者多个 InP 申请资源时，如何创建一个公平的交易环境，促使参与各方能够得到较好的经济收益。但是，在多个 InP 和多个 SP 竞争的环境下，仍然存在资源分配算法效率低、交易环境不公平的问题。

2.4.2　网络虚拟化环境下网络资源分配研究中存在的问题

从 2.4.1 节的描述可知，对网络虚拟化环境下资源分配的研究已经取得了一些重要的研究成果。但是，从总体来看，仍然需要在以下 3 个方面进行深入研究。

（1）资源分配效率方面的问题

在静态网络环境下的虚拟网资源分配研究方面，当前研究主要集中在解决如何提高底层网络资源利用率的问题，并且取得了一些重要的研究成果。但是，在底层网络节点规模较大的环境下，当前已有算法的分配效率较低。

（2）网络进化环境下的资源重配置方面的问题

网络环境随着底层网络资源的增加、删除，虚拟网的到来、离开等情况的发生而改变。不考虑重配置的网络资源分配会导致部分 SN 资源使用严重超载，而部分 SN 资源利用率很低。所以，资源重配置有助于提高底层网络和虚拟网络的性能，具有重要的研究价值。已有研究存在的主要问题是：现有的重配置算法周期性地对底层网络上的某些 VN 进行重新分配，由于底层网络资源占用情况随时间动态变化，周期的长度很难设置合理，容易导致VN 映射失败次数增多、重配置算法花费增加等问题。

（3）多 InP 和多 SP 竞争环境下收益管理方面的问题

网络虚拟化以后，现有的网络服务提供商被划分为基础设施提供商和服务提供商，需要从服务管理的角度考虑如何创建一个公平的交易环境，提高基础设施提供商和服务提供商的经济收益和效用。已有研究主要集中在解决单个 SP 向单个 InP 或者多个 InP 申请资源时，如何创建公平的交易环境，促使基础设施提供商和服务提供商能够得到较高的经济收益和效用。但是网络虚拟化环境会包括多个 InP 和多个 SP，仅仅考虑提高单个 SP 收益，不能满足多 InP 和多 SP 利益最大化的要求。所以，需要有公平的资源分配机制调节 InP 与 SP 的交易，促使 SP 对 InP 提供资源的公平合理使用，创建更加公平的交易环境。

2.5 网络虚拟化环境下故障诊断技术综述

2.5.1 网络虚拟化环境下故障诊断的研究现状

网络虚拟化后[1-5]，资源共享度的提高使得故障传播模型变得更加复杂，虚拟化、节点重配置、链路分割等技术使得底层网络资源更容易被耗尽或互相干扰[6-9,15-19]，也增加了虚拟网服务发生故障的概率。为了提高虚拟网服务的性能和可靠性，快速准确的故障诊断算法非常必要。

由于网络虚拟化是一个比较新的研究领域，当前的研究主要集中在虚拟网资源分配方面，与虚拟网故障管理相关的研究文献较少，主要的研究成果包括参考文献［27－28］。参考文献［27］使用路由器迁移技术解决网络故障问题，提出了能够实现快速迁移的路由器框架设计。参考文献［28］基于自主计算理论设计了每个网络节点的架构，使每个网络节点都具有自主故障管理的能力，提高了各个网络节点处理故障的自主性。但是，参考文献［27－28］并没有考虑网络虚拟化技术对网络故障传播模型的改变及其对故障诊断带来的影响，也没有考虑设计适合网络虚拟化环境特点的能够快速定位故障的方法。

另外，参考文献［29］考虑到不同底层网络的异构性导致的端到端服务性能难以分析的问题，提出了端到端的服务性能分析模型。参考文献［29］的研究成果，对获取和分析包含多个异构底层网络环境下故障和症状信息有重要的借鉴意义。

综上所述，在网络虚拟化环境下的故障管理方面已经取得了一些重要的研究成果。但是当前的研究还没有深入研究网络虚拟化环境下新的网络模型及其新特点对故障诊断带来的影响，所以故障诊断方面仍然有很多重要的工作需要去完成。

2.5.2　网络虚拟化环境下故障诊断研究中存在的问题

从 2.5.1 节的描述可知，当前关于网络虚拟化环境下故障诊断的研究文献较少。

通过查阅非网络虚拟化环境下的一些典型的故障诊断研究成果[10-14,30-33]可知：故障传播模型是故障诊断算法的基础；故障诊断算法通过分析症状、故障及其之间的条件概率等信息进行故障诊断；故障诊断算法的目标是提高准确率、降低误报率、减少诊断算法的运行时间等。但是在网络虚拟化环境下，现有的网络模型发生了变化，导致故障传播模型、故障信息、症状信息、故障与症状间的条件概率信息等也发生了变化，所以网络虚拟化技术必然会对现有的故障诊断研究成果提出新的挑战。

通过对当前网络虚拟化环境下故障诊断技术的研究现状分析，本书认为亟须在以下两个方面进行深入研究。

（1）需要提出适合网络虚拟化环境的服务故障传播模型

与现有的网络模型相比，网络虚拟化技术将现有的网络服务提供商划分为基础设施提供商和服务提供商，当基础设施提供商和服务提供商分别属于不同的组织时，基础设施提供商仅能够获得底层网络的相关信息，服务提供商仅能够获得虚拟网络和服务的相关信息，底层网络的信息对服务提供商是不可见的，虚拟网的信息和服务的运行信息对基础设施提供商是不可见的。为了对虚拟网服务故障进行定位，需要提出新的适合网络虚拟化环境下的服务故障传播模型。

（2）需要提出适合网络虚拟化模型的故障诊断算法

由于每个底层网络上同时承载的虚拟网络数量较多，导致症状集中包含的症状和故障集中包含的故障较多，故障诊断算法的性能较低。为了解决这个问题，需要提出适合网络虚拟化环境特点的故障诊断算法。

2.6　网络虚拟化环境下性能管理技术综述

主动探测技术是性能管理的主要技术。在主动探测技术中，有一些重要的概念，为了便于理解主动探测技术的工作原理，下文将详细介绍这些概念。

（1）路径

在主动探测技术中，通常定义一条路径为从一个节点到另一个节点的路由，其由一系列连续节点或链路组成。图 2-3 为一个 20 个节点的 IP 网拓扑，从节点 10 到 18 的一条路径为：$\{10\to1\to18\}$。

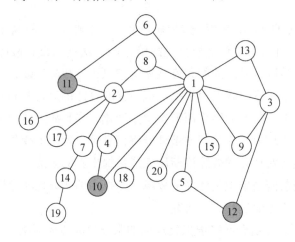

图 2-3　20 个节点的逻辑网络

（2）探测

一个探测即一个端到端的事务，其执行结果依赖于探测路径所经过的节点或链路的状态。在故障管理分布式系统中，探测是通过执行在某个主机上的一段程序发送到目标网络元素或系统组件的一个指令或请求，并通过返回值来判断探测执行成功与否。最常见的用于 IP 网故障管理的探测工具是 PING 和 TRACEROUTE 命令。其他的一些探测工具如 IBM 的端到端探测平台 EPP，则可以提供应用层的探测手段，并可通过发送邮件信息、WEB 请求和数据查询请求来对应用服务系统进行探测。不同的探测适用于不同的系统层次和不同的粒度。

在 IP 网的性能管理系统中，每个终端节点都有发送和接收 UDP/TCP 数据包的能力，探测是由一个终端节点向另一个终端节点发送的一系列数据包，如 TRACEROUTE、UDP/TCP 数据包等。通过比较发送与接收到的数据包，可得出路径的延时、丢包率等信息。一些更复杂的探测包可以检测网络的带宽、流量、IP 包平均大小等网络特性；其他更高层次的探测如某些测试事物或 HTTP 请求等可以用来检测 EJB 服务器、Servlets、数据库服务器或 HTTP 服务器等；在软件系统中，探测包可以用来确定系统的性能瓶颈的所在[2]。

无论是 PING 探测包还是 UDP/TCP 数据包，其探测结果均依赖于路径所经过的节点/链路状态。如对于图 2-3 中节点 10 到 18 的路径上的探测，若 {10，1，18} 中的节点状态均正常，那么 PING 则可以返回成功；若 {10→1，1→18} 无拥塞链路，则从 10 向 18 发送的所有 UDP 包均能收到。相反，若 {10，1，18} 其中有一个节点出现故障，则 PING 无法返回成功；若 {10→1，1→18} 其中一条链路出现拥塞，则 10 向 18 发送的 UDP 包仅有部分数据包可成功到达节点 18。

（3）探测站点

探测站点（又称作探测基站）指的是经过特殊配置的具有发送探测能力的实体。对于使用 PING 探测的故障诊断系统来说，探测站点即有发送和接收 PING 探测包能力的节点。该系统中，探测站点的位置会对探测的有效性、探测的故障定位能力以及配置的花销等造成影响。例如，在 IP 网的故障诊断过程中，由于网络边缘节点的度数（连接该节点的链路数）通常较小，若把探测站点的位置选定在网络的边缘处，那么从该探测站点发送出的探测的数目及探测的诊断能力就会受到相应的限制[2]。在 IP 网的性能管理中，探测站点即为可发送和接收 UDP/TCP 数据包的节点，通常每个终端节点均可作为一个探测站点。

（4）探测依赖矩阵

通过以上概念可了解到，之所以可以通过对路径的探测来推理节点/链路状态，是因为路径与节点/链路之间存在一定的依赖关系。这些依赖关系可以通过一个矩阵表示出来，该矩阵可称为探测依赖矩阵。探测依赖矩阵是一个 0/1 矩阵，矩阵的每一行代表一个探测路径，每一列代表网络中的节点或链路。当路径经过相应的节点/链路时，相应的矩阵元素取 1 值，反之则取 0 值。图 2-3 中，由探测站点 10、11、12 向其他节点发送的探测路径如表 2-1 所示，其对应的探测依赖矩阵如表 2-2 所示，其中 T_i 表示探测，N_i 表示网络节点。

表 2-1 图 2-1 中的探测路径

探测	探测路径
T_1	11→2→1→9→3→13
T_2	10→4→1→6
T_3	12→5→1→8
T_4	11→2→7→14→19
T_5	12→5→1→15
T_6	11→2→16
T_7	11→2→17
T_8	10→4→1→18
T_9	10→1→20

表 2-2 探测依赖矩阵示例

	N_1	N_2	N_3	...	N_{20}
T_1	1	1	1	...	0
T_2	1	0	0	...	0
T_3	1	0	0	...	0
T_4	0	1	0	...	0
T_5	1	0	0	...	0

续表

	N_1	N_2	N_3	…	N_{20}
T_6	0	1	0	…	0
T_7	0	1	0	…	0
T_8	1	0	0	…	0
T_9	1	0	0	…	1

2.6.1　基于主动探测的故障诊断技术研究现状

基于主动探测的故障诊断技术通过向网络中发送探测来检验网络状态的好坏。由于其高效、准确和自适应的特性，近几年来受到越来越多研究者的关注。图2-4为基于主动探测技术的故障推理流程。

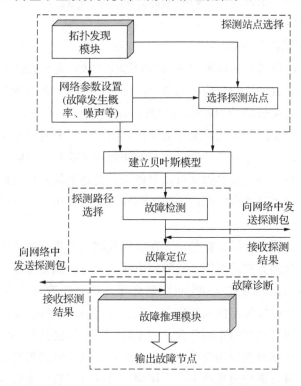

图 2-4　基于主动探测技术的故障推理流程

　　整个流程从上到下主要分为 3 个阶段：探测站点选择、探测路径选择以及故障诊断。探测站点选择是根据探测依赖矩阵选择出网络中最适合配置成探测站点的节点。从探测站点向剩余所有节点产生的探测路径，组成可用探测集合。探测路径选择是从可用探测集合中选择故障检测和故障定位所用的探测，并把探测结果传送到故障推理模块进行故障的诊断。在探测选择阶段，故障检测模块在可用探测集合中挑选少量探测，并阶段性地发送到网络中，根据探测所返回的结果分析网络中是否存在故障。当发现网络中有故障存在时，将会触发故障定位模块进行探测选择。故障定位模块在故障检测模块选择出探测的基础上逐个选择探测发送到疑似故障区域，直到可用探测中不存在可降低系统不确定性的探测为止。最后的故障诊断阶段则需要对现有的探测结果进行详细分析，推理出发生故障的节点。由于探测会对网络造成额外的负载，因此对探测路径的选择至关重要，而故障诊断的方法便决定了是否能根据探测结果推理出准确的根源故障。本书重点研究探测的选择及故障的诊断两个阶段。

　　（1）探测路径的选择

　　探测路径的选择包括故障检测探测的选择和故障定位探测的选择。选择故障检测探测集合的目的是检测网络中是否存在故障。这些探测并不需要有足够的能力来定位故障节点的准确位置，而是仅仅需要覆盖全部的被管网络。本研究将这小部分探测周期性地发送到网络中，只有在确认了网络中有故障存在的前提下，才有必要选择额外的探测对可能存在故障的区域进行进一步的故障定位。新增加的探测可以根据先前发送的故障检测探测的结果来选定，这样不仅可以缩小问题的区域，同样也能减少定位故障所需要的探测数量。

　　故障定位探测集合的选择是建立在故障检测探测集合的探测结果基础上的。根据选择探测方式的不同，故障定位探测集合的选择方法一般可分为两大类：预先选择探测方式（Offline）和交互式选择探测方式（Online）。前者一次性选出所有故障定位探测集合，发送到网络中并接收探测结果。预先选择的方式对网络施加固定的负荷，如果对所有探测都执行如此方式是极其低效的，但其计算过程较为简单。交互式的探测选择方式每次会根据上一个探测的探测结果自适应地选择下一个探测，这样可以有效地减少所需执行探测的数量，从而得到更好的时效性和更低的额外网络负载，但计算过程往往非常复杂。并且，无论是预先选择方法还是交互式方法，若要选择最优的一组探测，则均为 NP-hard 问题。大多数研究者采用贪婪（Greedy）策略逐个选择仅满足当前最优的探测集合。但即使是贪婪策略，其选择探测的计算复杂度仍然很高，计算时间也会随网络节点个数呈指数级增长。

交互式探测选择方法中最耗时的一个步骤是计算每个备选探测的信息增益（该探测所具备的诊断能力）。当向网络中发送一个探测并接收到探测结果后，要将所有备选探测的信息增益全部更新一遍，以选择下一个最优探测。而探测信息增益的计算过程极其复杂，涉及网络中所有节点的可能状态。因此研究者提出的方法大多数是将信息增益更新的过程简化。

已有研究将探测的信息增益的计算转换为节点状态的划分，一个探测的信息增益是该探测能够将网络节点状态划分的粒度。但是此类方法只能用于网络中仅存在单故障的情况，并且假设探测与节点状态之间的关系是确定的。而现实 IP 网中多故障并发并不少见，并且由于噪声原因，探测观测值有时也会出现错误。

参考文献［9］提出了一种适用于多故障不确定网络的自适应探测选择算法。该算法利用故障检测探测集合生成一组疑似故障集合，对于每一个疑似故障集合，选取能够满足式（2-1）的探测。

$$T^* = \arg\max\{P(T\,|\,s) + (1 - P(\cup_{n \in \{shadowNodes - s\}}(T\,|\,n)))\}。\quad (2\text{-}1)$$

其中，s 代表疑似故障节点，$1 - P(\cup_{n \in \{shadowNodes - s\}}(T\,|\,n))$ 表示探测 T 只经过 s，而且不经过其他节点的概率，经过最多疑似故障节点的探测将被选为下一个要发送的探测。该算法对观测噪声比较敏感，若某探测经过故障节点但由于路由改变而成功返回，则该探测经过的所有节点都将被作为正常节点对待。

参考文献［8］提出了一种基于贝叶斯模型的探测选择算法——BPEA（Belief Propagation for Entropy Approximation）算法，该算法能够适用于多故障不确定网络，并且可并行计算所有探测信息增益。但即使并行计算也需要很高的计算复杂度，因为每一次计算都涉及所有节点的所有状态。

本研究在交互式探测选择方法的基础上做了改进，提出了一种适用于多故障不确定网络的高效探测选择算法，可在保证探测诊断质量的前提下，将计算复杂度大大降低。

（2）基于主动探测的故障诊断

故障诊断（Fault Diagnosis）也可称为故障关联分析，其是通过对一系列观测症状的分析，得到最合理的故障解释集合。已有的故障诊断方法一般可分为三大类：基于专家系统的诊断技术，基于模型的诊断技术和基于图论的诊断技术。

专家系统是模仿人类专家行为与决策，在特定领域中解决同一类问题的智能系统。系统内部包含海量某领域专家水平的知识与经验，能够利用该领域专家的经验与方法来解决特定问题。换句话说，专家系统是一个具有大量的专业知识与经验的程序系统，其应用人工智能和计算机技术根据某领域一个或多个专家提供的知识和经验进行推理与判断，以便解决那些需要人类专家处理的复杂问题。在 IP 网故障诊断领域，其是目前应用最广泛的一种故障诊断技术。但是专家系统只能根据表面知识进行推理，其缺点在于：第一，不能利用前一阶段的诊断结果推理当前的故障，而且不能处理不可见的问题；第二，不能处理噪声，而且运算效率也较低。

基于模型的诊断技术是把通信系统中的实体建立成一种关系明确的模型。其基本原理为：从模型中有告警的实体开始，故障定位程序分析与告警相关联的故障，最后定位故障。基于模型的诊断技术主要应用面向对象的表达方式。已有研究把每个观测到的事件都看成一个等价类，在故障诊断的过程中，当两个类中的事件都归属于同一个被管对象时，则把这两个类合并。已有研究把故障诊断与探测相结合，当执行模型遍历时，利用探测来确定被管对象的工作状态。当前遍历到的故障对象独立于所有其他故障对象时，则认为该对象为根故障。基于模型的诊断技术优点在于可以应对网络配置经常发生变化的状况，特别是当诊断过程包含对被管对象的自动探测时，该优点更为突出。但是基于模型的诊断技术不适用于网络中存在一个设备的故障由其他多个故障的逻辑关系导致的情况。

基于图论的诊断技术建立在系统图模型的基础上，这个图模型称为故障传播模型（Fault Propagation Model，FPM）。FPM 描述了当一个特定的故障发生时会导致哪些症状可被观测。该模型包含了所有可能发生的故障和可以被观测到的症状。建立在图模型上的故障诊断算法根据观测到的症状进行推理，最终得到最有可能的故障解释集合，算法的效率和诊断质量依赖于模型的准确度。其中基于贝叶斯网（Bayesian Network，BN）的故障诊断方法是基于图论的方法中最普遍的一种故障推理方法，也是众多研究者研究的焦点。

贝叶斯网是一个有向无环图（Directed Acyclic Graph，DAG），每一个节点代表一个随机变量。节点之间的有向边代表这两个变量之间的因果关系，这个关系的强度用条件概率表来表示。基于贝叶斯网的故障诊断算法的目的是根据症状计算最大概率的故障解释集合。贝叶斯推理方法可以解决不确定型网络故障的推理问题，但也同样需要复杂的计算过程，因此实时诊断效果较差，近些年的许多研究都致力于解决基于贝叶斯网模型中的故障推理问题。

已有研究提出了一种基于事件驱动的故障定位算法 IHU（Incremental Hypothesis Updating），该算法引入了症状 – 事件图模型作为 FPM，所谓症状 – 事件图模型是一种二分有向图。IHU 首先是建立一个假设的症状解释集合，然后向该集合中逐个加入最有可能的故障集。但是该方法无法处理不准确的症状 – 故障图模型的情况，并且其推理时间随网络节点数量的增加呈指数级增长。

已有研究提出的 Shrink 算法将故障诊断问题建立为一个可处理不准确信息的二层贝叶斯网模型，但是该算法没有考虑到观测值存在不准确信息的情况。当下层观测节点存在不准确信息时，Shrink 算法将表现很差。已有研究提出的 Maxcoverage 算法利用主动探测的方式获取症状，并假设能够解释所有探测结果的最小故障集合为根故障。Maxcoverage 方法的运算速度非常快，但是准确度随着虚假症状的增加而急剧下降。另外，已有的故障诊断方法均假设网络中节点状态不会发生变化，然而现实中 IP 网节点的状态会随时间而发生改变。例如，有自愈能力的节点会在发生故障后自愈，而正常节点也会在诊断过程中故障。因此本研究提出了一种基于动态贝叶斯网模型的故障诊断算法，该方法不仅可在一定程度上处理网络噪声，并且可适用于节点状态动态变化的网络。

2.6.2　基于主动探测的丢包率推理技术研究现状

基于主动探测的丢包率推理方法通过探测测量的路径丢包率来推理链路丢包率。目前的链路丢包率推理方法可分为两大类：基于路由器支持的丢包率推理方法和基于单纯端到端探测技术的丢包率推理方法（也称为网络性能层析技术）。基于路由器支持的丢包率推理方法依靠网络内部路由器发送的响应包来监控 IP 网络状态。但是大多数的内部路由器可能不支持响应，或者提供的响应不能满足网络监控的需要。例如，由于许多路由器过滤 IC-MP 包或者限制 ICMP 速率，一些基于 ICMP 的测量工具无法测量每条链路的丢包率，并且测量准确度会受到 ICMP 交叉流量的影响。基于单纯端到端探测技术的丢包理论方法仅利用单向的 UDP 包测量路径丢包率，并通过路径与链路的关联性分析得出链路丢包率。

基于单纯端到端探测技术的丢包率推理过程主要包括探测路径的选择和链路丢包率的推理两大部分。前者通过选择小部分路径进行探测，根据路径之间的关联关系推理出全部路径的丢包率值，从而减少探测包对网络的负载。后者对路径丢包率进行分析，通过路径与链路之间的关联关系进而推理出每条链路的丢包率。但是基于单纯端到端探测技术的丢包率推理面临着一个难题，即在不能获得额外信息的情况下，根据所有的探测路径丢包率也无法得到唯一准确的网络链路丢包率。本研究重点研究链路丢包率的推理部分。

目前已有的链路丢包率推理方法可分为三大类：第一类方法是通过多播路由传播多播探测包，利用包与包之间的强时间相关性推测出现拥塞的链路位置；第二类方法是对网络链路丢包率的分布做出假设，例如，假设链路发生拥塞的概率相等，或发生拥塞的链路个数最少等；第三类方法是通过对每条路径进行多次测量得到路径丢包率统计值（均值、方差等），从而辅助链路丢包率的推理。

第一类方法利用多播路由环境中探测包与包之间的强时间相关性，从一个源端节点向多个终端节点同时发送探测包，分析并得到丢包链路的位置。已有研究提出链路丢包率的各阶统计函数（除一阶均值外）均可在多播路由树中推理出唯一确定的解。但是一般的网络环境并不支持多播路由。已有研究利用单播路由探测包模拟多播路由的效果，但是其推理准确度并不理想，并且这些方法需要过多部署成本和计算成本。

第二类方法对网络链路的丢包率分布做了一些假设，主要包括：①网络中所有的链路发生拥塞的概率是相等的；②发生拥塞的链路个数应尽可能的少。例如，已有研究提出的 SCFS（Smallest Consistent Failure Set）算法和线性规划方法均认为可以解释所有拥塞路径的最少拥塞链路便是真正发生拥塞的链路。但是这些假设在真实的 IP 网中并不成立，因此其诊断准确度也受到网络拓扑环境的影响。

第三类方法利用对每条路径进行多次探测来获得路径及链路丢包率的更多统计信息。Nguyen 等首先提出利用多次测量学习网络链路发生拥塞的概率分布，然后利用 Clink 算法确定每条链路的最有可能拥塞状态。在已有研究中，他们证明了根据端到端路径丢包率的协方差，可唯一确定每条网络链路的丢包率方差。通过实验发现，丢包越严重的链路其丢包率方差也就越大。基于这一理论，LIA（Loss Inference Algorithm）算法将链路按照其丢包率方差从大到小排序，依次去掉最小方差的链路，并认为其丢包率为零，直到得到一个可解的系统为止。Netscope 算法将 LIA 算法进行了改进，使其得到的解满足"LI 范数"最小化，提升了其推理准确度。但是这类方法向网络中发送的探测流量过多，会引起额外的拥塞，并且根据路径丢包率协方差求得的链路丢包率方差也不能保证准确，其推理结果也容易受到 IP 网络拓扑的影响。

除此之外，已有研究提出的 LEND（Least-biased End-to-End Network Diagnosis）算法[33]可以找到网络中所有可确定丢包率的链路及最小可确定丢包率的链路序列。但是 LEND 算法的计算复杂度过高，并且其推理得到的最小可确定链路序列诊断粒度偏大，并不是最优解。

2.7　研究目标

本书的主要研究目的是基于网络虚拟化环境下资源分配与故障诊断技术当前研究现状及不足，研究多基础设施提供商和多服务提供商竞争环境中资源分配机制、映射时间最短化的虚拟网映射算法、网络进化环境下资源重配置时机求解算法、网络虚拟化环境下的服务故障诊断算法等关键问题，以指导和促进网络虚拟化环境下资源分配与故障诊断技术的发展。研究目标具体如下。

①在多基础设施提供商和多服务提供商竞争环境中，通过提出有效的资源分配机制，解决现有的资源分配机制在多基础设施提供商和多服务提供商竞争环境下资源分配效率低、创建的交易环境不公平的问题。

②在网络虚拟化环境下，提出能够使映射时间最短化的虚拟网映射算法，解决现有虚拟网映射算法给虚拟网分配资源时算法分配效率较低的问题。

③在网络进化环境下，求解最佳的重配置时机，提出能够最小化重配置负面影响的资源重配置算法[34]，解决现有的重配置算法周期长度设置不合理导致 VN 映射失败次数增多、重分配算法花费增加等问题。

④在网络虚拟化环境下，提出适合网络虚拟化环境的服务故障传播模型和服务故障诊断算法，解决虚拟网服务故障难以定位的问题。

⑤目前，基于主动探测的故障诊断技术在大规模不确定 IP 网中没有得到较好的应用，而基于主动探测的丢包率推理技术也存在着较低的探测利用率与较高的计算复杂度的问题。本书的主要研究目标是提出用于解决以上问题的确实有效的方法。

2.8　本章小结

首先本章介绍了网络虚拟化的模型和特点，给出了网络虚拟化环境下资源分配与故障诊断的基本概念；其次，归纳了网络虚拟化环境下网络资源分配与故障诊断的研究现状，分析了当前研究中存在的问题；最后，给出了本研究的研究目标。

参考文献

［1］ FEAMSTER N, GAO L, REXFORD J. How to lease the Internet in your spare time ［J］. SIGCOMM computer communication review, 2007, 37 （1）: 61 - 64.

［2］ ANDERSON T, PETERSON L, SHENKER S, et al. Overcoming the Internet impasse through virtualization ［J］. Computer, 2005, 38 （4）: 34 - 41.

［3］ TURNER J, TAYLOR D. Proceedings of the IEEE Global Telecommunications Conference （GLOBECOM'05）, November 28-December 2, 2005 ［C］. St. Louis: IEEE, 2005.

［4］ CHOWDHURY N M, BOUTABA R. Network virtualization: the past, the present, and the future ［J］. IEEE communications, 2009.

［5］ CHOWDHURY N M, BOUTABA R. A survey of network virtualization ［J］. Elsevier computer networks, 2010, 54 （5）: 862 - 876.

［6］ CARAPINHA J, JIMENEZ J. Proceedings of the 1st ACM workshop on Virtualized infrastructure systems and architectures, 2009 ［C］. Barcelona: ACM, 2009.

［7］ ZHU Y, AMMAR M. Proceedings of the IEEE International Conference on Computer Communications （IEEE INFOCOM）, April 23 - 29, 2006 ［C］. Barcelona: IEEE, 2006.

［8］ YU M, YI Y, REXFORD J, et al. , Rethinking virtual network embedding: substrate support for path splitting and migration ［J］. ACM SIGCOMM computer communication review, 2008, 38 （2）: 17 - 29.

［9］ CHOWDHURY N M M K, RAHMAN M R, BOUTABA R. Proceedings of the IEEE International Conference on Computer Communications （IEEE INFOCOM）, April 19 - 25, 2009 ［C］. Rio de Janeiro: IEEE, 2009.

［10］ CHENG L, QIU X S, MENG L M, et al. Proceedings IEEE/IFIP International Symposi-um on Integrated Network Management（IM'09）, June 1 - 5, 2009［C］. New York： IEEE, 2009.

［11］ CHENG L, QIU X S, MENG L M, et al. Proceedings IEEE INFOCOM, March 14 - 19, 2010［C］. San Diego： IEEE, 2010.

［12］ 褚灵伟, 邹仕洪, 程时端, 等. 一种动态环境下的互联网服务故障诊断算法［J］. 软件学报, 2009, 20（9）：2520 - 2530.

［13］ 黄晓慧, 邹仕洪, 王文东, 等. Internet 服务故障管理分层模型和算法［J］. 软件学报, 2007, 18（10）：2584 - 2594.

［14］ 张成, 廖建新, 朱晓民. 基于贝叶斯疑似度的启发式故障定位算法［J］. 软件学报, 2010, 21（10）：2610 - 2621.

［15］ MARQUEZAN C C, GRANVILLE L Z, NUNZI G, et al. Proceedings of the 2010 IEEE/IFIP Network Operations and Management Symposium（NOMS）, April 19 - 23, 2010［C］. Osaka： IEEE, 2010.

［16］ HOUIDI I, LOUATI W, ZEGHIACHE D. A Distributed Virtual Network Mapping Algo-rithm, In Proceedings of the IEEE International Conference on Communications（ICC）, 2008［C］. Beijing： IEEE, 2008.

［17］ HOUIDI I, LOUATI W, DZEGHLACHE J, et al. Proceedings of the IEEE International Conference on Communications Workshop on the Network of the Future, June 14 - 18, 2009［C］. Dresden： IEEE, 2009.

［18］ CAI Z P, LIU F, XIAO N. Proceedings of the IEEE Telecommunications Conference（GLOBECOM）, December, 2010［C］. Miami： IEEE, 2010.

［19］ RAIHAN R M, AIB I, BOUTABA R. Proceedings of the IFIP International Federation for Information Processing, April, 2010［C］. Chennai： 2010.

［20］ WONG E W M, CHAN A K M, YUM T S P. A taxonomy of rerouting in circuit-switched networks［J］. IEEE communications magazine, 1999, 37（11）：116 - 122.

［21］ FAN J, AMMAR M. Proceedings of the IEEE International Conference on Computer Com-munications（IEEE INFOCOM）, April 23 - 29, 2006［C］. Barcelona： IEEE, 2006.

［22］ DESPOTOVIC Z, USUNIER J C, ABERER K. Proceedings of the Hawaii International Conference on System Sciences, January 5 - 8, 2004［C］. Big Island： IEEE, 2004.

［23］ HAUSHEER D, STILLER B, MART P. Decentralized auctions for bandwidth trading on demand［J］. ERCIM news, 2007（1）：42 - 43.

［24］ HAUSHEER D, STILLER B. Auctions for virtual network environments, in Workshop on Management of Network Virtualisation, 2007［C］. Brussels： 2007.

［25］ ZAHEER F E, XIAO J, BOUTABA R. Multi-provider service negotiation and contracting in network virtualization, In Proceedings of the IEEE Network Operations and Management Symposium (NOMS), April 19 – 23, 2010 [C]. Osaka: IEEE, 2010.

[26] CHOWDHURY M, SAMUEL F, R BOUTABA. Proceedings of the 2nd ACM SIGCOMM Workshop on Virtualized Infrastructure Systems and Architecture (VISA), 2010 [C]. New Delhi, 2010.

[27] YI W, ERIC K, BRIAN B, et al. Proceedings of the ACM SIGCOMM 2008 conference on Data communication, August 17 – 22, 2008 [C]. ACM, 2008.

[28] MARQUEZAN C C, GRANVILLE L Z, NUNZI G, et al. Proceedings of the 2010 IEEE/ IFIP Network Operations and Management Symposium (NOMS), April 19 – 23, 2010 [C]. Osaka: IEEE, 2010.

[29] DUAN Q. Proceedings of the IEEE Globecom, December 6 – 10, 2010 [C]. Miami: IEEE, 2010.

[30] TANG Y N, AL-SHAER E, BOUTABA R. Efficient fault diagnosis using incremental alarm correlation and active investigation for internet and overlay networks [J]. IEEE transactions on network and service management, 2008, 5 (1): 36 – 49.

[31] TANG Y N, AL-SHAER E. Towards Collaborative User-Level Overlay Fault Diagnosis, In Proceedings IEEE INFOCOM, 2008 [C]. Phoenix: IEEE, 2008.

[32] TANG Y N, CHENG G, XU Z W, et al. In Proceedings IEEE International Conference on Networking, Architecture, and Storage, April 13 – 18, 2008 [C]. Phoenix: IEEE, 2008.

[33] STEINDER M, SETHI A S. Probabilistic fault localization in communication systems using belief networks [J]. IEEE/ACM trans on networking, 2004, 12 (5): 809 – 822.

[34] 张顺利, 邱雪松, 潘亚莲, 等. 网络虚拟化环境下基于预测的资源重配置算法 [J]. 通信学报, 2011, 32 (7): 57 – 63.

第3章 基于拍卖的虚拟网资源分配机制

在多基础设施提供商和多服务提供商竞争环境中，为了提高资源分配机制和算法的效率、创建更加公平的交易环境，提出了基于拍卖的虚拟网资源分配机制。仿真实验结果表明，提出的有议价分配机制可以一次性完成多基础设施提供商和多服务提供商资源分配以及定价，提高了资源分配的效率。通过仿真，将本书提出的有议价分配机制与 V-MART、无议价分配机制进行了比较，结果表明，使用有议价分配机制分配资源时，创建了更加公平的交易环境。

3.1 研究现状

资源分配是网络虚拟化中的一个研究重点[1-5]，InP 的目标是根据自己的底层网络资源数量，最大可能提高资源利用率，使自己的收益最大；而 SP 的目标是根据终端用户对业务的需求情况，通过最小花费最大可能提高虚拟网络容量，满足业务对虚拟资源的要求。目前大部分虚拟网资源分配研究仅仅从网络管理的角度，考虑如何设计有效的 VN 映射算法，提高 SN 资源的利用率[4-5]。参考文献 ［3］从服务管理的角度，提出一个基于 VCG（Vickrey-Clarke-Groves）机制[6-7] 的虚拟网资源分配机制 V-MART。V-MART 是从单个 SP 的角度，以 SP 最小花费为目标进行虚拟网的资源分配。

但是，网络虚拟化环境会包括多个 InP 和多个 SP[1-2]，仅仅考虑提高单个 SP 收益最大化的研究，被应用到多 InP 和多 SP 环境时，不能得到全局最优的解，即不能实现多 InP 和多 SP 利益最大化。所以，需要有公平的资源分配机制调节 InP 与 SP 的交易，以竞争机制提高 InP 的服务质量，促使 SP 对 InP 提供的资源公平合理使用。所以，研究能够同时满足多个 InP 和多个 SP 利益最大化的资源分配机制具有重要意义。

针对网络虚拟化环境中虚拟网资源分配的特点，本章从服务管理的角度，首先，提出多个 InP 和多个 SP 竞争环境的虚拟网资源分配体系结构。

其次，在此基础上提出基于拍卖的资源分配机制。最后，在仿真环境中对分配机制进行评估，并与已有的分配机制 V-MART 进行比较。实验结果表明，本章的分配机制可以一次性完成多个 InP 和多个 SP 资源分配及定价，提高了资源分配的效率，并且本研究提出的有议价分配机制比 V-MART 和无议价分配机制创建了更加公平的交易环境。

3.2 基于拍卖的资源分配体系结构

在网络虚拟化环境下，将拍卖引入到资源分配之后，资源分配的参与者主要包括 InP、SP、经济中间人（Broker）。InP 的主要职责是部署和管理底层网络资源，通过可编程接口为不同的 SP 提供资源。InP 之间的区别在于提供资源的覆盖范围、数量和质量不同，用户（指 SP）对资源的操作、控制能力不同等。SP 的主要职责是向 InP 提出建设虚拟网请求，租用 InP 的底层网络资源，通过对分配的网络资源进行编程、部署，创建虚拟网，为终端用户提供专业服务。SP 向 InP 提出的虚拟网建设请求可以包括节点要求、链路要求、性能要求等。其中，典型的节点要求包括吞吐量、最大平均修复时间（Mean Time to Repair，MTTR）等；链路要求包括带宽容量、延迟、丢包率等；性能要求包括端到端通信延迟、端到端平均抖动、网络可用性的最小值等。Broker 的主要职责是为 InP 和 SP 提供一个公平的交易平台，满足 InP 和 SP 自身利益时，尽可能使系统的交易剩余量最大化。

根据网络虚拟化环境的特点，本章将组合双向拍卖应用于虚拟网资源分配体系结构。组合双向拍卖[8]是指拍卖参与者将多个商品按不同类型和数量组合之后进行拍卖，其主要优点是：不但可以解决拍卖中的垄断问题，而且能够有效地减少交易的次数、降低交易的成本。

本章提出的基于拍卖的虚拟网资源分配体系结构如图 3-1 所示，主要包括 InP 模块、SP 模块、Broker 模块。InP 模块和 SP 模块包括信息平面和管理平面两部分，信息平面存储网络的网元信息、配置信息等，管理平面执行资源分配和竞拍功能。Broker 根据 InP 和 SP 的竞拍信息执行拍卖。在 InP 和 SP 的定价方面，不同网络的价格与其业务形式相关。例如，吞吐量为主要消耗资源的价格比带宽为主要消耗的价格更贵，同一网络资源的价格与资源所处的位置及稀缺性相关。

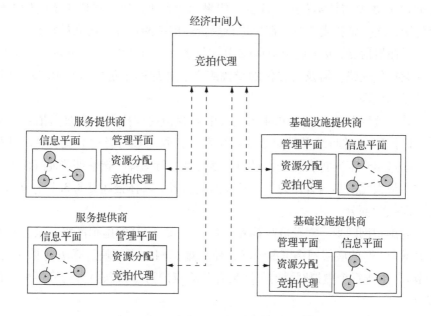

图 3-1　基于拍卖的虚拟网资源分配体系结构

3.3　资源分配机制

　　基于图 3-1 的资源分配体系结构，本章提出虚拟网资源分配机制。机制第 1 步中，组合双向拍卖参与者的竞拍代理在 Broker 中的竞拍代理中进行注册。机制第 2 步中，Broker 中的竞拍代理执行组合双向拍卖，得到获胜投标者集合 R（其中包括获胜的 SP、获胜的 InP）。机制第 3 步中，针对获胜投标者集合 R 中每个 SP 的虚拟网络，使用虚拟网络资源映射算法，生成虚拟网络的子网集合及对应的可以被映射到的底层网络的集合。

　　由于 VCG 机制能够实现参与者效用总和的最大化[6,9]，并且已经在现有网络资源的分配方面取得了较好的应用效果[10-12]，因此在机制第 4 步中，根据第 3 步得出的虚拟网映射结果，使用 VCG 机制进行 SP 与 InP 的组合拍卖，实现底层网络和虚拟网络的资源分配。组合拍卖结束后，拍卖者（此处指 InP）将判断是否直接采取拍卖阶段的付酬方式进行付酬，或者提出新的议价价格。在机制第 5 步中，针对拍卖者提出的议价价格，获胜者（此处指 SP）需要与拍卖者进行议价。如果拍卖者决定直接采取拍卖阶段的暂定付酬方式，则拍卖双方不需要进行议价。虚拟网资源分配机制如下。

①注册信息：n 个组合双向拍卖参与者［m 个 SP 及（$n-m$）个 InP］中的竞拍代理将所需及可提供的资源组合及相应的报价发送给 Broker 模块中的竞拍代理。

②组合双向拍卖：由 Broker 模块中的竞拍代理执行组合双向拍卖（见 3.3.1 小节），并将结果通知给各参与者，获胜的参与者记为交易者。此处首先通过组合双向拍卖算法，对拍卖参与者进行选择，选取那些能够使系统的收入最大化的参与者作为下一阶段的交易者。具体描述见 3.3.1 小节的组合双向拍卖部分。

③虚拟网映射：对获胜投标者集合 R 中每个 SP 的虚拟网络，根据集合 R 中每个 InP 的底层网络资源情况，使用虚拟网络资源映射算法（见 3.3.2 小节），生成每个虚拟网络的子网集合及对应的可以被映射到的底层网络的集合。

④组合拍卖：使用 VCG 机制进行 SP 与 InP 的组合拍卖，实现虚拟网络和底层网络的资源分配，投标者对拍卖者的暂定付酬计算方法见 3.3.3 小节的式（3–2）。

⑤议价：每个虚拟子网的 SP 和准备映射到的底层网络的 InP 进行单独议价，确定交易价格。具体议价方法见 3.3.3 小节的议价部分。

⑥成交：根据确定的价格及资源数量，签订成交合同。

3.3.1 组合双向拍卖

假设拍卖参与者个数为 n，其中包括 m 个 SP（买方）和（$n-m$）个 InP（卖方）。竞拍项目可以使用集合 $A = \{A_1, \cdots, A_i, \cdots, A_n\}$ 来表示，其中，A_i 可以表示为 (n_i, p_i)，$n_i = (n_{i1}, \cdots, n_{ij}, \cdots, n_{ik})$，$n_{ij}$ 表示第 i 个竞拍项目中第 j 种资源的数值，$n_{ij} > 0$ 表示对资源 j 的需求；$n_{ij} < 0$ 表示对资源 j 的供给；而 $n_{ij} = 0$ 则表示资源 j 不在竞拍项目中。p_i 表示投标人 i 对当前资源组合的报价。当 $p_i > 0$ 时，p_i 代表竞买报价，定义为 $p_i = V_i(A_i) = \sum_{n_{ij} \in n_i} v(n_{ij})$，当 $p_i < 0$ 时，p_i 代表竞卖报价，定义为 $p_i = S_i(A) = \sum_{n_{ij} \in n_i} s(n_{ij})$，其中 $v(n_{ij})$ 表示第 i 个竞拍项目中对资源 j 的竞买报价，$s(n_{ij})$ 表示第 i 个竞拍项目中对资源 j 的竞卖报价，则资源分配问题可以用式（3–1）来表示，式

（3-1）的目标是使拍卖后系统交易剩余量实现最大化，约束条件表示当用户购买一定数量的资源时，资源提供者必须能够提供这些数量的资源。

$$\max \sum_{i=1}^{n} \beta_i p_i。 \tag{3-1}$$

约束条件：

$$\forall i \in \{1,\cdots,n\}，\beta_i \in \{0,1\}，\sum_{i=1}^{n} \beta_i n_{ij} \leqslant 0。$$

3.3.2　VN 资源映射算法

VN 资源映射算法目标是实现虚拟网映射成功并且花费最少。假设底层网络之间都互通，具体的互通链路价格简化为两个底层网络的链路价格之和，所以，在底层网络费用固定条件下，VN 花费最少的前提是尽量使 VN 映射在尽可能少的卖价较低的 SN 上。由于本章主要关注交易参与者的效用问题，所以本章使用参考文献［3］中的最小划分子网算法，实现 VN 映射划分。VN 资源映射算法首先判断 VN 是否可以被映射到一个 SN 上（算法第 1 步和第 2 步），如果不能被映射到一个 SN 上，使用最小划分子网算法[3]对 VN 进行划分并映射到最少数量的 SNs 上（算法第 3 步和第 4 步）。VN 资源映射算法如下。

①使用映射算法[5]，将 VN 映射到 SN 集合上的花费最少的一个 SN 上。

②如果可以映射成功，结束。

③如果映射不成功，则使用最小划分子网算法[3]划分 VN。选择其中一个使 VN 被划分为最少子网的映射集合，并将子网集中的子网按照覆盖范围从大到小的顺序降序排列。

④将子网集中的子网映射到花费最少的 SN 上。

⑤如果 VN 子网集合都映射成功，结束。否则，返回映射失败。

3.3.3　定价方法

在使用 VCG 机制进行 SP 与 InP 的组合拍卖时，如果投标者 i（指 SP）参与投标，则投标者 i 对拍卖者的暂定付酬定义为

$$P_i(V_i(A_i)) = V(I\backslash i) - V(I) + V_i(A_i)。 \tag{3-2}$$

其中，I 是指所有投标者的集合。

$$V(I) = \max_{A_i \in A} \sum_{k \in [I]} V_k(A_i)。 \tag{3-3}$$

$$V(I\backslash i) = \max_{A_i \in A} \sum_{k \in [I\backslash i]} V_k(A_i)。 \tag{3-4}$$

式（3-3）表示所有投标者进行投标时产生的最大系统净利润，式（3-4）表示投标者 i 不参加拍卖时，其他投标者产生的最大系统净利润，则式（3-2）表示的含义为：投标者 i 参加投标后产生的最大系统净利润与投标者 i 对资源组合 A_i 的估价之和。

在拍卖结束后的定价阶段，拍卖者对于获胜投标者可以采取两种不同的定价策略：a. 定价策略 1 为使用议价谈判策略，本研究将使用定价策略 1 的获胜投标者称为第 1 类投标者（表示为 B_1）；b. 定价策略 2 为使用拍卖阶段获得的暂定付酬方式，本研究将使用定价策略 2 的获胜投标者称为第 2 类投标者（表示为 B_2）。

当进行议价谈判时，议价均衡是指一种最优的价格策略组合，这种价格策略组合是由所有参与者的最优价格策略构成，也就是说，任何用户都不能通过单方面对自身价格策略进行改变而提高自己的收益值[13]。由参考文献［14］可知，在两个参与者对效用为 1 的资源进行议价的模型中，如果参与者双方都拥有完全的信息，那么模型存在唯一的议价均衡。在本章的资源分配机制中，对于拍卖者和任意一个获胜投标者 i 之间，参与拍卖的买卖双方都相互知道对方对于资源组合的真实估价。所以，本章的机制是在完全信息的模式下进行，存在唯一的议价均衡。

为了确定在议价阶段如何选择定价策略，根据参考文献［15］，本研究定义投标者 i 的外部性 Δ_i 为 $\Delta_i = V(I) - V(I \setminus i)$，其经济含义是投标者 i 参与拍卖后对于系统净利润的改变量。由参考文献［15］的定理 1 可知，在存在议价均衡的拍卖机制下，参与者双方产生的系统净利润值等于 $(1 + \delta)\Delta_i$ 处为第 1 类投标者与第 2 类投标者的分界点（其中 δ 为谈判周期的折现因子，属于公有信息），并且对于第 1 类的投标者 B_1 采取谈判议价的策略；对于第 2 类的投标者 B_2 将直接使用拍卖阶段确定的暂定付酬。其中，参与者双方产生的系统净利润为 $D_i = V_i(A_i) - S_i(A_i)$，其经济含义为投标者 i 与拍卖者之间交易资源组合 A_i 所带来的系统净利润。为了简化议价过程，本章使用的议价价格 p_i 为拍卖者可能提出的最低议价价格，所以获胜者将立即同意交易。拍卖者提出的议价价格 p_i 被定义为

$$p_i = V_i(A_i) - \delta\Delta_i。 \tag{3-5}$$

3.3.4 机制的有效性

在拍卖过程中，参与者的目标是找到自己的占优策略，使其可以不考虑

其他参与者如何选择策略，都能使自己的收益值最大化。但是，由参考文献
[14-16] 可知，参与者收益最大化的确定占优策略不可能被求出，所以，
对于参与者求解确定占优策略的问题，可以考虑参与者能够实现以下两个目
标：①系统利润的最大化；②激励相容，即投标者出于自身利益最大化的目
标，投标自己真实的成本估价。因为式（3-1）的优化目标是使系统的交易
剩余量实现最大化，所以本研究机制能够实现系统利润的最大化。关于激励
相容性将在命题 1 中证明。

命题 1：本章资源分配机制具有激励相容性。

证明：由参考文献 [15] 可知，机制具有激励相容性的充要条件包括：
①参与者是个体理性的；②投标者的占优策略是投标其真实估价。下面从这
两个方面进行证明。

（1）参与者是个体理性的

参与者是个体理性的由投标者 i 的外部性 Δ_i 的定义可知，有投标者 i 参
加的最大系统净利润必然大于或等于没有 i 参加的最大系统净利润，因此 Δ_i
的取值为非负数，也就是说，当使用本研究提出的机制进行拍卖时，投标者
的个体理性能够得到满足，会积极地参与到拍卖中。

（2）投标者的占优策略是投标其真实估价

假定获胜投标者集合 R 中包含投标者 i，对于投标组合 A_i，投标者 i 的
真实估价使用 R_i 表示，则投标者 i 在拍卖时的收益可以表示为

$$u_i(V_i(A_i)) = R_i - P_i(V_i(A_i))。 \tag{3-6}$$

当使用 $V_{-i}(I)$ 表示 $V(I) - V_i(A_i)$ 时，式（3-6）可以转化为

$$u_i(V_i(A_i)) = R_i + V_{-i}(I) - V(I\backslash i)。 \tag{3-7}$$

在式（3-7）中，$V(I\backslash i)$ 与投标者 i 的投标 $V_i(A_i)$ 不相关，$V_{-i}(I)$ 间接
地受到投标者 i 的投标 $V_i(A_i)$ 的影响，R_i 是投标者 i 对投标组合 A_i 的真实估
价，是一个确定的值。因此，只有当投标者 i 使其投标 $V_i(A_i)$ 等于 R_i 时，
式（3-1）得到的最优分配策略才能保证式（3-6）最大化。所以，投标者
会出于自身利益最大化的目的，投标自己的真实成本估价。同理，投标真实
估价也是其他投标者的占优策略。

由（1）和（2）可得，本章的机制具有激励相容性。证毕。

3.4 性能评估

3.4.1 实验环境

本章主要关注多 InP 和多 SP 竞争的环境下，如何创建一个公平的交易环境，具体的网络映射算法不是本章的研究重点。所以，本章将网络虚拟化环境下，VN 和 SN 的资源抽象为 5 种类型。虚拟网映射在底层网络时，虚拟子网的划分问题抽象为资源的分解问题（即单个 SN 不能满足 VN 的请求，需要同时使用多个 SN，完成 VN 资源分配）。

表 3-1 给出仿真实验中使用的参与者竞拍参数，其中参与者 1 到参与者 6 是 6 个 SP；参与者 7 到参与者 16 是 10 个 InP。在使用组合双向拍卖时，第 4 个 SP、第 8 个 InP、第 15 个 InP 没有中标。所以，下面的比较中，不考虑 SP 4、InP 8、InP 15。

表 3-1　参与者竞拍参数

序号	参与者															
	1	2	3	4	5	6	7	8	9	10	11	12	13	14	15	16
A	2	3	3	3	4	3	1	1	0	2	2	3	2	3	1	2
B	2	2	1	4	4	3	3	2	1	2	0	3	0	0	1	3
C	1	3	4	2	4	4	2	0	2	3	1	2	3	2	1	1
D	0	4	5	3	4	4	3	3	1	2	0	3	0	2	3	2
E	2	3	1	1	3	4	3	2	2	2	1	1	2	0	2	2
报价	119	207	214	40	213	234	227	130	118	137	54	114	93	84	159	102

在买方报价和卖方报价的基础上，将本章提出的分配机制与 V-MART[3] 进行比较，同时，为了验证议价对资源分配机制性能的影响，将本章分配机制分为两种，即无议价拍卖和有议价拍卖。

3.4.2 评价指标

本章效用的定义同参考文献 [17 – 18]，对于买方，效用 = 报价 – 交易价格，而对于卖方，效用 = 交易价格 – 报价。

3.4.3　结果分析

实验结果如图 3-2 至图 3-5 所示，其中图 3-2 和图 3-4 的横坐标表示 5 个买方，图 3-3 和图 3-5 的横坐标表示 8 个卖方，图 3-2 和图 3-3 的纵坐标表示价格，图 3-4 和图 3-5 的纵坐标表示效用。图 3-2 和图 3-3 分别比较买方交易价格和卖方交易价格。图 3-4 和图 3-5 分别比较买方效用和卖方效用。

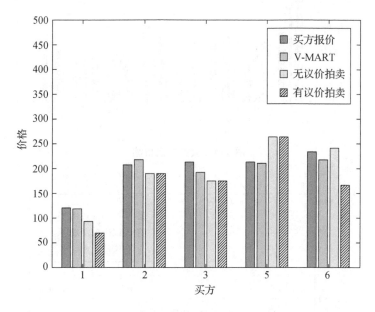

图 3-2　买方交易价格

从图 3-2 和图 3-4 能够看出，有议价分配机制的买方平均交易价格比较小，平均效用较大。尤其是平均报价越大的买方，在定价结束后，将会获得越大的效用，也就是说系统将会反馈其较大的补偿金额。从图 3-3 和图 3-5 能够看出，有议价分配机制下卖方的平均交易价格比较小，平均效用也较小。但是平均报价较小的卖方，在定价结束后，获得了较大的效用，同样说明系统将会反馈其较大的补偿金额。

通过上述分析可知，有议价分配机制与 V-MART 分配机制和无议价分配机制相比，能够为平均报价大的买方反馈较大的补偿金额，保证平均报价大的买方能够减少花费；为平均报价较小的卖方反馈较大的补偿金额，保证

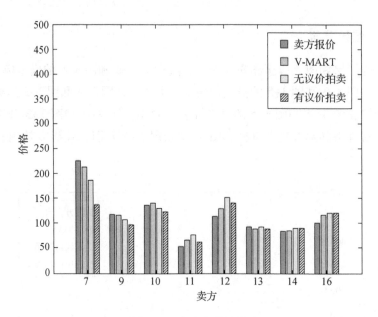

图 3-3　卖方交易价格

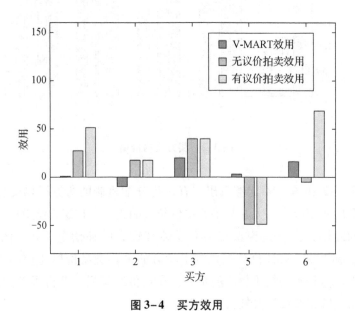

图 3-4　买方效用

平均报价较小的卖方能够获得较多的收益。所以,有议价分配机制能够创建更加公平的交易环境。

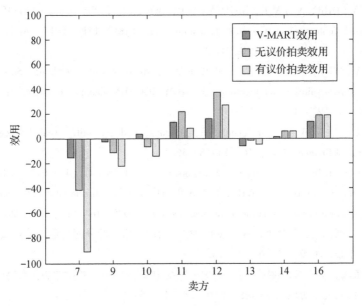

图 3-5 卖方效用

3.5 本章小结

在多基础设施提供商和多服务提供商竞争环境中，为了解决资源分配算法效率低的问题，提出了基于拍卖的虚拟网资源分配机制。仿真实验结果表明，本章提出的有议价分配机制可以一次性完成多个 InP 和多个 SP 资源分配及定价，并且有议价分配机制与 V-MART 分配机制和无议价分配机制相比，创建了更加公平的交易环境。

参考文献

[1] CHOWDHURY N M M K, BOUTABA R. Network virtualization: state of the art and research challenges [J]. IEEE communications magazine, 2009, 47 (7): 20-26.

[2] FEAMSTER N, GAO L, REXFORD J. How to lease the Internet in your spare time [J]. ACM SIGCOMM computer communications review, 2007, 37 (1): 61-64.

[3] ZAHEER F E, JIN X, BOUTABA R. Proceedings of the IEEE Network Operations and Management Symposium (NOMS), April 19-23, 2010 [C]. Osaka: IEEE, 2010.

［4］ CHOWDHURY N M M K, RAHMAN M R, BOUTABA R. Proceedings of the IEEE International Conference on Computer Communications (IEEE INFOCOM), April 19 – 25, 2009 ［C］. Rio de Janeiro：IEEE, 2009.

［5］ YU M, YI Y, REXFORD J, et al. Rethinking virtual network embedding：Substrate support for path splitting and migration ［J］. ACM SIGCOMM computer communication review, 2008, 38 (2)：17 – 29.

［6］ VICKREY W W. Counter speculation, auctions, and competitive sealed tenders ［J］. Journal of finance, 1961, 16 (1)：8 – 36.

［7］ GROVES T. Incentives in teams ［J］. Econometrica, 1973, 41 (4)：617 – 631.

［8］ XIA M, STALLAERT J, WHINSTON A B. Solving the combinatorial double auction problem ［J］. European journal of operational research, 2005, 164 (1)：239 – 251.

［9］ 杨明, 刘元安, 马晓雷, 等. 基于加权平均的网格资源分配与定价 ［J］. 北京邮电大学学报, 2009, 32 (6)：9 – 13.

［10］ 王玉峰, 王文东, 袁刚, 等. Ad Hoc 网络中基于 Vickrey 拍卖的协作激励机制的研究 ［J］. 北京邮电大学学报, 2005, 28 (4)：50 – 53.

［11］ 郭超平, 张恒, 张海林. 自私网络中带宽与路由的联合分配机制 ［J］. 北京邮电大学学报, 2010, 33 (5)：61 – 65.

［12］ RUBINSTEIN A. Perfect equilibrium in a bargaining model ［J］. Econometrica, 1982, 50 (1)：97 – 109.

［13］ CRAMTON P. Strategic delay in bargaining with two-sided uncertainty ［J］. Review of economic studies, 1992 (59)：205 – 225.

［14］ 黄河, 陈剑. 组合拍卖与议价谈判机制设计研究 ［J］. 管理科学学报, 2010, 13 (2)：1 – 11.

［15］ BRANCO F. The design of multi-dimensional auctions ［J］. The rand journal of economics, 1997, 28 (1)：63 – 81.

［16］ XIA M, KOEHLER G J, WHINSTON A B. Pricing combinatorial auctions ［J］. European journal of operational research, 2004 (154)：251 – 270.

［17］ 张顺利, 邱雪松, 陈东东, 等. 网络虚拟化环境中基于拍卖的虚拟网资源分配 ［J］. 北京邮电大学学报, 2011, 34 (6)：26 – 30.

［18］ ZHANG S L, QIU X S, MENG L M. Virtual network mapping algorithm for large-scale network environment ［J］. 哈尔滨工业大学学报 (英文版), 2012 (4)：55 – 63.

第4章 映射时间最短化的虚拟网映射算法

为了提高现有虚拟网映射算法的映射效率，本研究提出了一种映射时间最短化的虚拟网映射算法，该算法首先使用基于 K – 均值聚类的社团划分子算法将底层网络划分为多个社团，之后取出每个虚拟网请求，使用资源分配子算法为虚拟网请求分配资源。仿真实验结果表明，在底层网络规模较大的环境下，当接收到相同数量的虚拟网请求时，本研究提出的算法比算法 D-ViNE 减少了映射时间，提高了虚拟网的映射效率。

4.1 研究现状

在网络虚拟化环境下，虚拟网络需要使用底层网络的节点资源和链路资源[1-5]，虚拟网映射（也被描述为虚拟网资源分配）是一个关键问题，比较典型的研究成果包括参考文献［6 –8］。参考文献［6］提出了能够实现底层网络负载均衡的虚拟网映射算法，但是在每个虚拟网请求中，仅仅考虑了虚拟链路请求有约束条件，而没有考虑虚拟节点请求的约束条件。考虑到虚拟链路和虚拟节点请求的约束条件，同时为了提高底层网络资源利用率，参考文献［7］采用路径分割和重配置的方法，使尽可能多的虚拟链路能够获得最短的底层链路资源。虽然参考文献［7］提高了底层网络的资源利用率，但是没有考虑路径分割和重配置会使算法为每个虚拟网分配资源的时间增加，导致算法的分配效率较低。参考文献［8］将虚拟网资源分配中的节点映射和链路映射综合考虑，采用混合整数规划的方法，提出确定的虚拟网映射算法（D-ViNE）和随机的虚拟网映射算法（R-ViNE），提高了底层网络的资源利用率。由于参考文献［8］使用混合整数规划为每个虚拟节点求解可以映射的底层节点，需要花费的时间较长，导致算法为每个虚拟网请求分配资源的时间较长，算法的效率较低。综上所述，当前已有的关于虚拟网映射问题的研究成果主要集中在解决如何提高底层网络资源利用率的问题，而没有考虑如何解决算法分配效率低的问题。

为解决上述问题，提出了映射时间最短化的虚拟网映射算法，该算法先是使用基于 K－均值聚类的社团划分子算法将底层网络划分为多个社团。之后取出每个虚拟网请求，使用基于 K－均值聚类的社团划分子算法将其划分为多个社团，之后求出每个虚拟节点的等价类，为了使各个虚拟网社团连接起来的虚拟网络是全局最优解，为每个虚拟网社团建立解空间，之后使用虚拟链路映射子算法求解虚拟网映射的最优解。仿真实验结果表明，本研究提出的算法提高了资源分配的效率。

4.2 映射时间最短化的虚拟网映射算法

映射时间最短化的虚拟网映射算法（Virtual Network Mapping Algorithm in the Shortest Mapping Time，VNMAiSMT）如算法 1 所示。算法第 1 步使用基于 K－均值聚类的社团划分子算法将底层网络划分为多个社团（本研究中社团也被叫作簇或者子网）。算法第 2 步到第 4 步取出每个虚拟网请求，使用资源分配子算法为其分配底层网络资源。算法 1 如下。

算法 1：映射时间最短化的虚拟网映射算法。

第 1 步：使用基于 K－均值聚类的社团划分子算法将底层网络划分为多个社团；

第 2 步：取出一个虚拟网请求；

第 3 步：使用资源分配子算法为虚拟网请求分配资源；

第 4 步：如果有下一个虚拟网请求，跳至第 2 步；

第 5 步：结束。

下文将对该算法中用到的基于 K－均值聚类的社团划分子算法和资源分配子算法进行详细描述。

4.2.1 基于 K－均值聚类的社团划分子算法

为了解决现有虚拟网资源分配算法效率低的问题，提出了基于 K－均值聚类算法[9] 的社团划分子算法。在进行社团划分时，本研究使用准则函数值判断当前的划分是否是最优划分，准则函数定义为：

$$J = \sum_{j=1}^{k} \sum_{n_i \in C_j} (n_i . x - c_j . x)^2 \times (n_i . y - c_j . y)^2, \qquad (4-1)$$

其中，k 表示当前网络被划分成的社团数量，C_j 表示第 j 个簇，c_j 表示第 j 个簇的簇首，n_i 表示第 j 个簇的第 i 个节点，$n_i.x$ 表示节点 n_i 的 x 轴坐标，$n_i.y$ 表示节点 n_i 的 y 轴坐标。

基于 K - 均值聚类的社团划分子算法如算法 2 所示。算法的第 1 步随机选择 k 个节点作为初始簇首。算法的第 2 步对剩余节点，根据其与各个簇首的距离，将其划分到距离最近的簇中。算法的第 3 步计算各个簇的所有元素坐标平均值作为新的簇首。算法的第 4 步使用式（4-1）求解当前的准则函数值。如果当前的准则函数值小于上次的准则函数值，则表明需要进入下一次的迭代过程；否则，将在算法的第 5 步调整每个社团内节点的连通性。算法 2 如下。

算法 2：基于 K - 均值聚类的社团划分子算法。

第 1 步：从网络中随机选择 k 个节点作为初始簇首；

第 2 步：遍历网络中每个节点，找到与其位置距离最近的一个簇首，然后加入该簇首所在簇；

第 3 步：对每一个簇，计算其中所有节点的坐标均值，以平均坐标作为新的簇首；

第 4 步：使用式（4-1）求解当前的准则函数值，如果此次划分的准则函数值小于上次的评价，则尚未收敛，跳至第 2 步，否则执行第 5 步；

第 5 步：得到最终划分后，检查每个簇内节点的连通性，将非连通的节点移出原本所在簇，并加入到与簇首距离最近的可连通簇；

第 6 步：结束。

4.2.2　资源分配子算法

资源分配子算法如算法 3 所示。为了提高资源分配成功率，在为虚拟节点分配资源之前，算法第 1 步求解每个虚拟节点的解空间，当有链路映射失败，可以从节点解空间中选择出另一组解，重新映射链路。为了提高虚拟网资源的分配速度，算法第 2 步使用基于 K - 均值聚类的社团划分子算法把虚拟网请求划分成若干个虚拟子网。为了降低边缘链路映射失败的概率（其中边缘链路是指虚拟子网之间的链路，其两个端点在不同的虚拟子网内），算法第 3 步为每个虚拟子网求解多组最优映射。当有边缘链路映射失败时，则可以快速更换一组虚拟子网的映射解，再映射边缘链路。算法第 4 步和第 5 步映射虚拟子网之间的边缘链路。资源分配子算法的整体流程如算法 3 所示。

算法 3：资源分配子算法。

第 1 步：对虚拟网请求中的每个虚拟节点，使用算法 4 查找可映射的等价类作为其解空间，如果任意一个节点的解空间为空集，转至第 7 步。

第 2 步：使用算法 2 将虚拟网络请求划分为多个虚拟子网。

第 3 步：对每个虚拟子网，使用算法 5 找到多组最优映射。如果有一个虚拟子网最优映射的个数为 0，即映射失败，跳至第 7 步。

第 4 步：在每个虚拟子网的解集中取一个子网的映射解，如果所有可能的子网映射解组合都已经尝试过，跳至第 7 步。

第 5 步：用算法 6 映射虚拟子网间的边缘链路。如果所有边缘链路都映射成功，执行第 6 步。如果有一条链路映射失败，跳至第 4 步重新选择一组解。

第 6 步：返回映射成功。

第 7 步：返回映射失败。

4.2.3　虚拟节点解空间子算法

虚拟节点解空间子算法是为每个虚拟节点求解出满足虚拟节点资源需求且加权评价值较优的一组底层节点组成虚拟节点等价类，作为节点映射的解空间。选取以下 3 个因素作为每个节点的评价项：①节点 n_i 的度数 d_i，节点的度数越大，虚拟链路映射时就有越多的链路可以被选择。②与节点 n_i 相连链路提供的带宽资源总数量 bw_e^i，bw_e^i 值越大，虚拟链路映射时，链路映射的成功率越高。③节点 n_i 的资源利用率 ur_i，所选择节点的资源利用率越小，将虚拟节点映射到该底层节点后，可提高该底层节点的资源利用率。

将这 3 项的值归一化，求取加权和，作为评价可映射底层节点的依据，加权评价值的计算方法为

$$Norm(n_i) = \alpha_1 \times \frac{d_i}{D_j} + \alpha_2 \times \frac{bw_e^i}{BW_j} + \alpha_3 \times \frac{ur_i}{UR_j}, \tag{4-2}$$

其中，D_j 表示节点 n_i 所在簇 j 的所有链路数之和，BW_j 表示节点 n_i 所在簇 j 的所有链路带宽之和，UR_j 表示节点 n_i 所在簇 j 的所有节点的利用率之和。α_1、α_2、α_3 用来调节各个变量的权重。

虚拟节点解空间子算法如算法 4 所示，算法首先查找与当前虚拟节点距离最近社团的簇首（算法第 1 步），然后在簇首所在的簇内搜索虚拟节点的等价类（算法第 2 步到第 5 步）。如果当前簇内找到的底层网络节点数量不

能满足等价类中节点数量要求，需要在下一个簇内继续查找底层节点，直到节点数量满足等价类中节点数量要求或查找的簇的数量满足停止条件（算法第 6 步）。算法 4 如下。

算法 4：虚拟节点解空间子算法。

第 1 步：找到和当前虚拟节点距离最近的底层网络簇的簇首；

第 2 步：对该簇首所在社团的每一个节点，执行第 3 到第 5 步；

第 3 步：删除不能满足虚拟节点要求的底层节点；

第 4 步：使用式（4-2）计算节点评价值；

第 5 步：如果该节点评价值比等价类中任意节点评价值高，则将该节点加入等价类；

第 6 步：如果查找到的底层节点或簇首数量满足停止条件，则停止查找，转至第 7 步，否则查找下一个距离最近的底层网络簇的簇首，跳至第 2 步；

第 7 步：结束。

4.2.4　虚拟子网解空间子算法

在求解虚拟子网解空间时，将每个虚拟子网的映射解占用的底层链路的带宽值作为当前解的评价值，判断当前的解是否可以被放入到解空间，第 k 个虚拟子网 C_k 的第 i 个映射解的评价值 $BW_{C_k}^i$ 被定义为

$$BW_{C_k}^i = \sum_{l^v \in L_{C_k}^v} \sum_{l^s \in P^s(l^v)} bw(l^s, l^v), \tag{4-3}$$

其中，$L_{C_k}^v$ 表示当前虚拟子网 C_k 的所有虚拟链路组成的集合；$P^s(l^v)$ 表示给虚拟链路 l^v 分配资源的底层路径；$bw(l^s, l^v)$ 表示底层链路 l^s 分配给虚拟链路 l^v 的带宽值。

为了更快地找到虚拟子网的映射解，使用模拟退火算法[10]进行启发式搜索。为了能够为每个虚拟子网求出多组解，在每轮迭代时，如果求出的解不是最优解，则需要检查其评价值，决定是否加入解空间。

虚拟子网解空间子算法如算法 5 所示，算法第 1 步，初始化算法中的参数。算法第 2 步，从每个虚拟节点解空间中选择一个底层节点，组成当前虚拟子网的节点解集。算法第 3 步，使用算法 6（虚拟链路映射子算法）映射虚拟子网内的每一条虚拟链路。算法第 4 步至第 6 步，计算当前解的评价值，并判断当前的解是否可以放入到虚拟子网的解集中。算法第 7 步至第 8

步，调整温度 T 和退火因数 L 的取值。算法第 9 步将当前虚拟子网的最优映射解中的底层节点随机变异，得到新的虚拟子网的节点解集。算法 5 如下。

算法 5：虚拟子网解空间子算法。

第 1 步：初始化温度 T、退火因数 L、降温系数 k、虚拟子网 C_k 的最优映射解 $BW_{C_k}^0$。

第 2 步：从每个虚拟节点解空间中选择一个底层节点作为初始解，所有虚拟节点的初始解组成虚拟子网的初始节点解集。

第 3 步：使用算法 6 映射当前虚拟子网节点解集中的所有链路；如果有一条链路映射失败，则跳至第 7 步。

第 4 步：使用式（4-3）计算当前虚拟子网解的评价值 $BW_{C_k}^i$、当前虚拟子网解与当前最优解的评价值之差 $\Delta t' = BW_{C_k}^i - BW_{C_k}^0$。

第 5 步：如果 $\Delta t' < 0$，则接受当前解为最优解；否则以 $\exp(-\Delta t'/T)$ 的概率接受当前解为最优解。如果接受当前解为最优解则转至第 7 步，否则转至第 6 步。

第 6 步：将未接受的当前解与解集中解的评价值进行比较，若存在解集中的一个解的评价值大于当前解的评价值，则将当前解加入解集，同时将解集中评价最大的解移出解集。如果连续不接受的解数量超过预设上限，表明已找到最优解，转至第 10 步。否则，转至第 7 步。

第 7 步：退火因数 L 值减 1，如果退火因数 L 不等于 0，转至第 9 步；如果退火因数 L 等于 0，则执行第 8 步。

第 8 步：$T = T \times k$，如果 T 大于 1，转至第 9 步；否则转至第 10 步。

第 9 步：将当前最优解中的底层节点随机变异，得到新的虚拟子网的节点解集，转至第 3 步。

第 10 步：结束。

4.2.5 虚拟链路映射子算法

给虚拟子网内部链路和各个虚拟子网之间边缘链路分配底层链路资源时，使用 Dijstra 算法，该算法能够在虚拟链路两个端点映射已经确定的情况下，把一条虚拟链路以最小花费映射到这两个底层节点间的一条或者多条的底层链路上。

虚拟链路映射子算法如算法 6 所示，算法第 1 步，根据虚拟节点位置，将需要查找的底层网络限定在一个坐标范围内。通过范围限定，能够极大地减少查找的节点数量，提高查找链路的速度。当映射虚拟子网的内部链路时，以虚拟子网坐标范围为依据划定一个底层网络范围，供其中所有内部链路映射使用，而不必在每次链路映射时都选择一次底层网络范围。算法第 2 步和第 3 步为当前的虚拟链路查找花费最小的底层路径，并记录当前路径的所有链路中能够提供带宽的最小值 B。算法第 4 步执行链路资源的分配。算法 6 如下。

算法 6：虚拟链路映射子算法。

第 1 步：依据虚拟节点位置坐标，划定查找路径的底层网络范围。

第 2 步：使用 Dijstra 算法查找当前花费最小的路径，如果找不到一条连通的路径，跳至第 6 步。

第 3 步：找到这条路径中所有链路所能提供带宽的最小值 B，这就是这条路径所能提供的带宽。

第 4 步：如果 B 大于虚拟链路的带宽需求 F，则将路径中每条链路所能提供的带宽值减去 F，执行第 5 步；如果 B 小于 F，则 $F = F - B$，同时将路径中每条链路所能提供的带宽值减去 B，跳至第 2 步。

第 5 步：返回映射成功。

第 6 步：返回映射失败。

4.3　性能评估

4.3.1　仿真环境

与参考文献 [6-8] 相同，本研究使用 GT-ITM[11] 工具生成网络拓扑。仿真中包括大网络和小网络两种网络环境，其中，大网络环境指底层网络有 5000 个节点，虚拟网络的节点服从 50~100 的均匀分布。小网络环境是指底层网络有 100 个节点，虚拟网络的节点服从 10~20 的均匀分布。节点之间的链路使用 Locality 方法生成，任意两个节点之间存在链路的概率是 0.3，链路中长边的数量相对于短边的数量的比值设置为 0.01，每个节点可以与半径为 0.2 范围内的其他节点进行连接。虚拟网请求到达服从泊松分布，平均每个时间窗口有 2 个虚拟网请求到达。每个虚拟网的生命周期服从指数分布，平均为 6 个时间窗口，虚拟网请求的等待时间为 2 个时间窗口。

4.3.2 评价指标

虚拟网映射花费。给虚拟网 G^v 分配资源的花费 $C(G^v)$ 为虚拟节点占用的底层节点资源 $C_{tp}(G^v)$ 与虚拟链路占用的底层链路资源 $C_{bw}(G^v)$ 之和[12]，即

$$C(G^v) = C_{tp}(G^v) + \alpha_1 \times C_{bw}(G^v)。 \tag{4-4}$$

其中，α_1 被用来调节各变量的权重。

$$C_{tp}(G^v) = \sum_{n^v \in N^v} tp(n^v)， \tag{4-5}$$

$$C_{bw}(G^v) = \sum_{l^v \in L^v} \sum_{l^s \in P^s(l^v)} bw(l^s, l^v)。 \tag{4-6}$$

其中，$tp(n^v)$ 表示给虚拟节点 n^v 分配的资源值，N^v 表示虚拟网 G^v 的所有虚拟节点组成的集合，$P^s(l^v)$ 表示给虚拟链路 l^v 分配资源的底层路径；$bw(l^s, l^v)$ 表示底层链路 l^s 分配给虚拟链路 l^v 的带宽值，L^v 表示虚拟网 G^v 的所有虚拟链路组成的集合。

4.3.3 算法性能评估

（1）参数设置对算法性能影响的分析

1）划分社团的数量对算法性能影响的分析

图 4-1 至图 4-4 表示底层网络和虚拟网络划分社团数量对算法的影响。从图 4-1 和图 4-3 可以看出，随着虚拟子网数量增加，平均映射时间逐渐下降。但是当虚拟子网数量逐渐增加后，平均映射时间也跟着增加。这是因为当虚拟子网数量增加时，不同虚拟子网之间的边缘链路也会快速增加，从而导致算法复杂度增大。

在底层网络划分社团数量对算法性能影响方面，当社团数量增加时，平均映射时间减少，因为当社团规模减小时，算法需要搜寻解的空间也变小。但是当社团数量太多时，平均映射时间逐渐开始增加，因为当社团包含的节点数量较少时，为了去找到充足的节点解空间，算法必须遍历多个社团，从而增加了算法的运行时间。

从图 4-2 和图 4-4 可知，底层网络社团数量对映射的花费影响很小，但虚拟网络社团数量增加带来花费增加。因为虚拟网络社团数量增加，导致边缘链路增加，算法可以实现分配给虚拟边缘链路的底层链路资源局部花费最小化，但是不能确保这些底层链路是当前虚拟边缘链路的全局最优解。

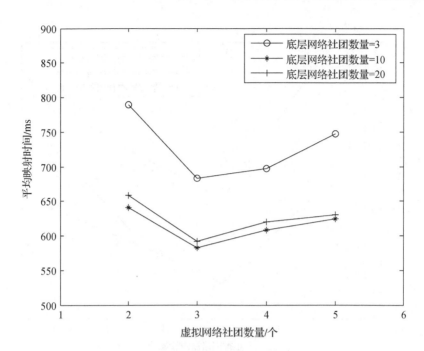

图 4-1　划分小网络对映射时间的影响

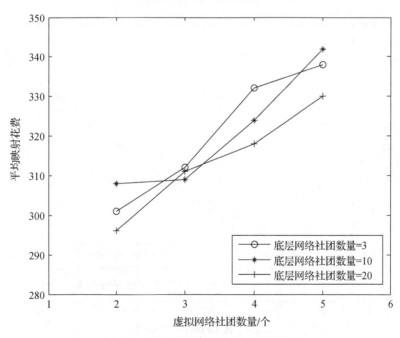

图 4-2　划分小网络对映射开销的影响

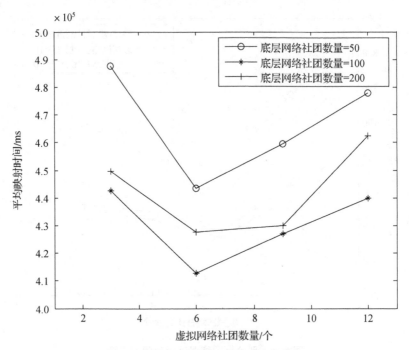

图4-3 划分大网络对映射时间的影响

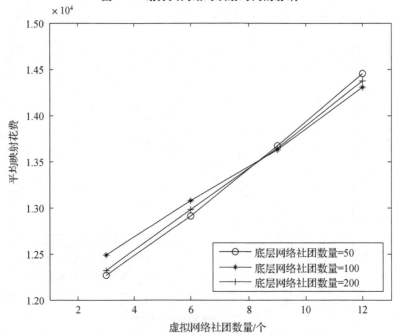

图4-4 划分大网络对映射开销的影响

2）解空间大小对算法性能影响的分析

图 4-5 至图 4-8 分析虚拟节点解空间大小和虚拟子网解集大小对算法性能的影响。从图 4-5 和图 4-7 可以看出，无论是节点解空间的大小还是每个虚拟子网解集大小的增加，都会带来平均映射时间的增加。因为这两个参数的增加导致算法的搜索空间变大。从图 4-6 和图 4-8 可以看出，虚拟网社团解空间的增加使得映射算法的平均花费快速减少，但是虚拟节点解空间的增加又导致了映射算法的平均花费增加。

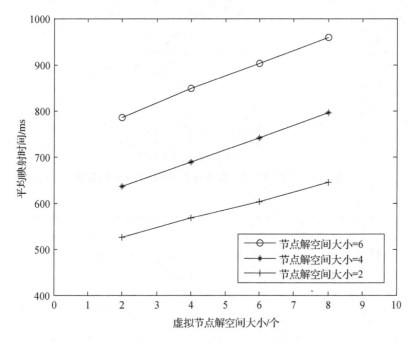

图 4-5　小网络环境下解空间大小对映射时间的影响

3）运行时间对算法性能影响的分析

在虚拟网络请求持续出现的情况下，测试了节点资源平均利用率、链路资源平均利用率和 VN 请求映射成功率这 3 个指标，测试结果如图 4-9 至图 4-11 所示。

从图中可以看出，在运行了一段时间后，底层网络节点资源平均利用率，链路资源平均利用率以及 VN 请求的映射成功率这 3 项指标趋于稳定。所以，无论是在网络规模较小还是网络规模较大的情况下，算法都能够稳定运行。

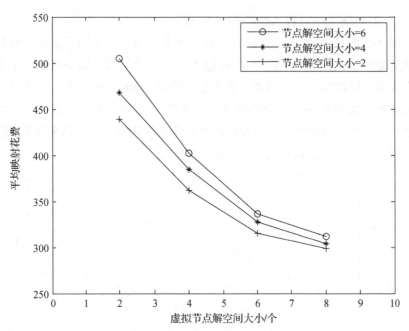

图4-6　小网络环境下解空间大小对映射开销的影响

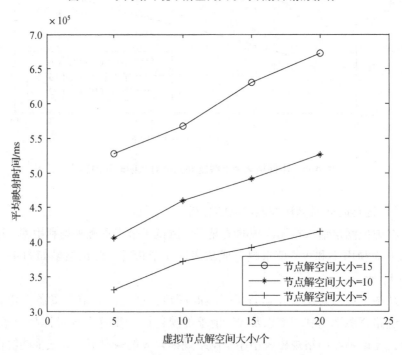

图4-7　大网络环境下解空间大小对映射时间的影响

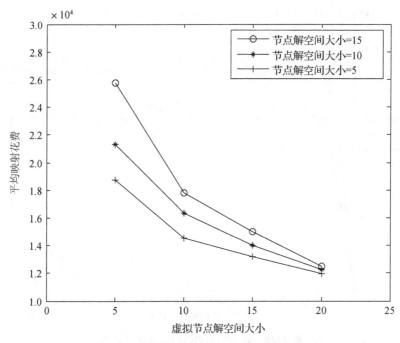

图 4-8　大网络环境下解空间大小对映射开销的影响

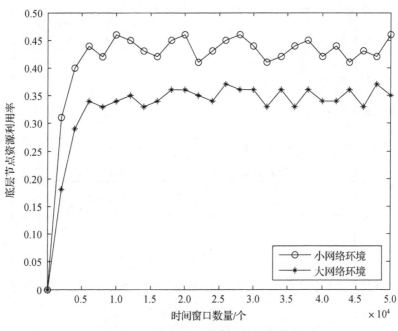

图 4-9　映射时间对节点利用率的影响

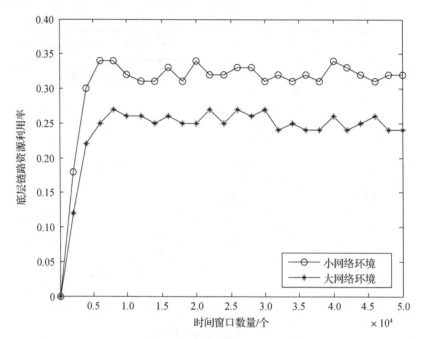

图 4-10 映射时间对链路利用率的影响

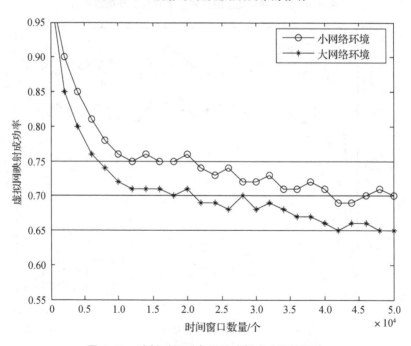

图 4-11 映射时间对虚拟网映射成功率的影响

（2）与算法 D-ViNE[8] 的比较

1）映射时间的比较

从图 4-12 可以看出，在底层网络节点规模小于 2000 左右时，当接收到相同的虚拟网请求，算法 VNMAiSMT 和算法 D-ViNE 的平均映射时间相差不大。随着网络规模的增加，两个算法花费的时间都在增加，但是算法 D-ViNE 花费时间增长较快。在底层网络节点规模大于 2000 左右时，当接收到相同数量的虚拟网请求，D-ViNE 比 VNMAiSMT 在各种网络规模下都花费较长的时间，VNMAiSMT 的映射时间平均值是算法 D-ViNE 的映射时间平均值的 36% 左右。当底层网络节点数量增加到 3000 时，算法 D-ViNE 为虚拟网请求分配资源，需要较长的时间，直到底层网络的规模增加到 4500 时，本研究算法仍然正常运行。

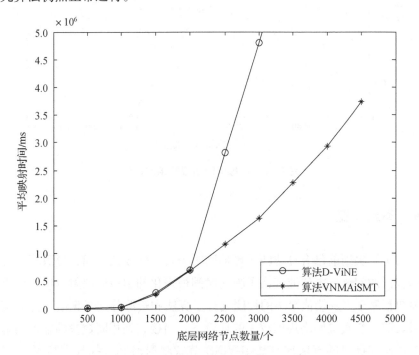

图 4-12　虚拟网映射时间开销的比较

2）映射成功率的比较

从图 4-13 可知，VNMAiSMT 映射成功率一直维持在 0.7 和 0.6 之间，当底层网络节点规模在 2000 左右，接收到相同数量的虚拟网请求时，本研究提出的算法 VNMAiSMT 的虚拟网映射成功率平均值比算法 D-ViNE 的虚拟网映射成功率平均值提高29%左右。随着网络规模的增加，算法 D-ViNE 的映射成功率下降较快，主要原因是在底层网络规模增大时，算法 D-ViNE 为虚拟网请求分配资源需要消耗较长的时间，导致虚拟网请求资源分配失败。

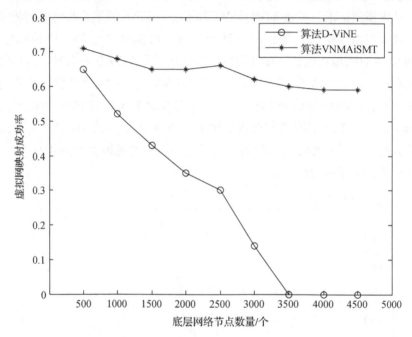

图 4-13　虚拟网映射成功率的比较

4.4　本章小结

为了解决当前已有算法映射虚拟网时需要花费较长时间，导致算法分配效率较低的问题，本研究提出了映射时间最短化的虚拟网映射算法，该算法主要包括基于 K – 均值聚类的社团划分子算法和资源分配子算法。仿真实验结果表明，在底层网络规模较大的环境下，当接收到相同数量的虚拟网请求时，本研究提出的算法比算法 D-ViNE 节省映射时间，提高了资源分配的效率。

参考文献

［1］ANDERSON T, PETERSON L, SHENKER S, et al. Overcoming the Internet impasse through virtualization ［J］. Computer, 2005, 38 (4): 34 – 41.

［2］ TURNER J, TAYLOR D. Proceedings of the IEEE Global Telecommunications Conference (GLOBECOM'05), November 28-December 2, 2005 ［C］. St. Louis: IEEE, 2005.

［3］ FEAMSTER N, GAO L, REXFORD J. How to lease the Internet in your spare time ［J］. SIGCOMM computer communication review, 2007, 37 (1): 61 – 64.

［4］ CHOWDHURY N M, BOUTABA R. Network Virtualization: The Past, The Present, and The Future ［J］. IEEE communications magazine, 2009 (7): 20 – 26.

［5］ CHOWDHURY N M, BOUTABA R. A survey of network virtualization ［J］. Elsevier computer networks, 2010, 54 (5): 862 – 876.

［6］ ZHU Y, AMMAR M. Algorithms for assigning substrate network resources to virtual network components, In Proceedings of the IEEE International Conference on Computer Communications (IEEE INFOCOM), April 23 – 29, 2006 ［C］. Barcelona: IEEE, 2006.

［7］ YU M, YI Y, REXFORD J, et al. Rethinking virtual network embedding: Substrate support for path splitting and migration ［J］. ACM SIGCOMM computer communication review, 2008, 38 (2): 17 – 29.

［8］ CHOWDHURY N M M K, RAHMAN M R, et al. Proceedings of the IEEE International Conference on Computer Communications (IEEE INFOCOM), April 19 – 25, 2009 ［C］. Rio de Janeiro: IEEE, 2009.

［9］ MACQUEEN J. Some methods for classification and analysis of multivariate observation, the 5th Berkley Symposium on Mathematics, Statistics and Probability, 1967 ［C］. Berkley: 1965.

［10］ KIRKPATRICK S, GELATT C D, VECCHI M P. Optimization by simulated annealing ［J］. Science new series, 1983, 220 (4598): 671 – 680.

［11］ ZEGURA E, CALVERT K, BHATTACHARJEE S. Proceedings of the IEEE International Conference on Computer Communications (IEEE INFOCOM), 1996 ［C］. San Francisco: IEEE, 1996.

［12］ ZHANG S L, QIU X A, MENG L M. Proceedings of the IEEE International Conference on Communication Software and Networks, May 27 – 29, 2011 ［C］. Xi'an: IEEE, 2011.

第5章　网络虚拟化环境下基于
预测的资源重配置算法

为了提高虚拟网请求接收率、降低重配置花费，一是将网络资源的占用情况与资源重配置时机之间建立数学模型，提出了重配置启动算法，推导了重配置请求次数的极限值；二是提出了基于预测的资源重配置算法。仿真实验结果表明，本章算法在重配置花费、虚拟网请求接收率两个方面取得了较好的效果。

5.1　重配置算法的研究现状和存在问题

在网络虚拟化环境下[1-3]，如何将有限的底层网络资源分配给尽可能多的虚拟网络是网络虚拟化研究中的一个关键问题[4-10]。在网络虚拟化环境中，一方面，每个 VN 都有生命周期，当 VN 到达和离开时，必然会带来底层网络资源被占用量的改变；另一方面，给每个 VN 分配资源时，都是以满足当前 VN 请求为目标，给 VN 分配资源一段时间后，底层网络资源被占用量将不均衡（部分底层网络资源利用率过高，部分底层网络资源利用率过低）。因此，不考虑重配置的网络资源分配会导致部分 SN 资源使用严重超载，而部分 SN 资源利用率很低。所以，资源重配置具有重要的研究价值。

关于资源重配置问题，参考文献［4-5］提出周期性选择关键 VN 进行重配置的算法。参考文献［4］中关键 VN 是指承载在压力最大的底层网络节点资源和链路资源上的 VN，参考文献［5］中关键 VN 是指请求失败的 VN。参考文献［4］中的重配置算法 VNA-II 包括查找和重配置两个子算法。查找子算法查找压力最大的 SN 资源，重配置子算法对承载在最大压力的 SN 资源上的 VN 重新分配资源。参考文献［5］中的重配置算法 PMPA 首先查找周期内由于没有链路资源而导致分配失败的 VN 请求，之后遍历每一个失败的 VN 请求，定位缺少的 SN 链路资源，并对该链路资源上的 VN 进行重配置，确保映射失败的 VN 请求的链路资源能够得到满足。参考文献［6］周期性的计算整个网络资源的占用情况，通过制定的协议实现资源之间的动态调整，但是需要引入新的控制协议并且实现方法非常复杂。非网络虚拟化环境下的资源重配置也是一个研究重点，参考文献［11 – 12］提出使用动态通信协商策略，实现链路资源重配置，但没有考虑节点资源的重配置。

综上所述，现有算法均周期性的对底层网络上的某些 VN 进行重新分配。由于底层网络资源占用情况随时间动态变化，周期的长度很难设置合理，容易导致 VN 映射失败次数增多、重配置花费增加等问题。

为了解决上述问题，本章首先将网络资源的占用情况与资源重配置时机之间建立数学模型，提出重配置启动算法。通过分析重配置请求次数的极限值与重配置时机之间的关系，来设置合理的重配置时机，克服周期性重配置带来的虚拟网映射失败次数增加、重配置花费增大等问题。在此基础上，提出基于预测的资源重配置算法（Forecast-based Resource Reconfiguration Algorithm，FRRA）。仿真实验中，将本研究提出的算法 FRRA 与算法 VNA-Ⅱ[4] 和 PMPA[5] 进行了比较，结果表明，本章算法与算法 VNA-Ⅱ 和算法 PMPA 相比减少了重配置花费，提高了虚拟网请求的接收率。

5.2　资源管理模型

在资源管理模型方面，参考文献［13］提出了一种虚拟大节点（Virtual Big Node）的网络节点虚拟化模型，该模型将多个网络节点聚合成一个虚拟大节点，有效地降低了网络管理的复杂性。与参考文献［13］类似，本章设计了分簇的资源管理模型，重配置时机在每个子网内单独计算，减少配置整个网络带来的开销。

本章提出的分簇的资源管理模型如图 5–1 所示，其由管理者（Manager）、簇首（Cluster Head）和代理（Agent）三级组成。管理者是网络的管理中心，簇首是子网（也称为簇）的管理者，代理对其所在节点及其周边链路资源进行管理。多个代理形成一个子网并由簇首管理，所有簇首由管理者管理。在每个子网内使用全局轮询和主动上报结合的方法，预测重配置的时间间隔。

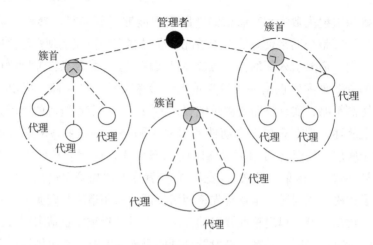

图 5–1　分簇的资源管理模型

5.3　重配置算法

在最近一次底层网络资源被重配置之后，为了求解出当前最佳的重配置时机，减少资源重配置次数，本章借鉴数据流查询和分析算法中减少通信量的方法。数据流查询和分析算法主要研究如何在分布式的网络环境中减少监控数据流的通信开销问题。参考文献［14］使用全局轮询与事件上报结合的方法，通过减少轮询次数，实现最小化监控通信开销的目标。为了降低监控信息传输的通信量，参考文献［15］在每个节点计算自己的设备状态，节点之间使用 Gossip 协议（参考文献［15］中提出的一种协议），判断全局状态值是否超过设置的阈值。参考文献［16］提出了一种分布式与集中式结合的监控架构，充分利用了本地预测信息设计了能够延长数据查询时间间隔的优化算法。

本节首先将网络资源的占用情况与资源重配置时机之间建立数学模型，提出了重配置启动算法。其次，分析了重配置请求次数的极限值与重配置时机之间的关系。最后，提出基于预测的资源重分配算法 FRRA。下文将对各部分进行详细描述。

5.3.1　重配置启动算法

在时刻 t，代理管理的节点（或链路）i 的资源占用率使用 $x_{i,t}$ 表示。例如，图 5-2 中底层链路 AB 的带宽容量为 100 M，在时刻 t，已经被分配给虚拟网的带宽为 50 M，则链路 AB 的带宽资源占用率为 50%，可以使用 $x_{AB,t}$ = 50% 表示。簇首所在子网内 n 个被管对象的资源占用率可以使用 $X_t = \{x_{1,t}, x_{2,t}, \cdots, x_{i,t}, \cdots, x_{n,t}\}$ 表示。重配置启动函数定义为式（5-1a），其中，$c_{i,t}$ 表示各变量之间的加权系数，本研究假设 $c_{i,t}$ = 1，则重配置启动函数可以被简化为式（5-1b）。

$$f_t = \sum\nolimits_{i=1}^{n} c_{i,t} \cdot x_{i,t}, \tag{5-1a}$$

$$f_t = \sum\nolimits_{i=1}^{n} x_{i,t} \circ \tag{5-1b}$$

设时间间隔内，被管对象 i 的资源占用率 $x_{i,t}$ 的改变量为 $\Delta_i = x_{i,t} - x_{i,t-1}$，$\Delta_i$ 的阈值设置为 δ_i，$x_{i,t}$ 的阈值设置为 λ_i。代理首先判断 $x_{i,t}$ 的值是否超过 λ_i，如果没有超过，不发送重配置请求。如果 $x_{i,t}$ 的值超过 λ_i，但是 $x_{i,t} - x_{i,t-1} < \delta_i$，则不发送重配置请求。如果 $x_{i,t}$ 的值超过 λ_i，且 $x_{i,t} - x_{i,t-1} \geq \delta_i$ 时，则代理向簇首发送重配置请求。当簇首接收到代理发来的重配置请求时，需要判断重配置启动函数值是否超过阈值 TH_d。如果没有超过阈值 TH_d，需要计算出新的时间间隔。如果超过阈值 TH_d，则需要对子网内所有被管理对象的资源占用率进行采集，并通过重配置启动函数获得 t 时刻的 f_t 值，以及判定是否需要进行重配置。

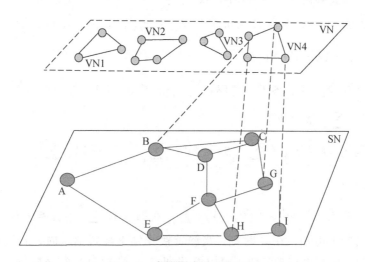

图 5-2　虚拟网资源分配举例

根据上文的描述，本章提出的资源重配置启动算法如下：

设 t 为获得 $x_{i,t}$ 的上一个重配置时间，令 $t_m = t + \lfloor (TH_d - \sum_{i=1}^{n} x_{i,t}) / \sum_{i=1}^{n} \delta_i \rfloor$。如果时间间隔在 $[t, t_m]$ 内，簇首没有接收到重配置请求，那么簇首要等待到 t_m 时刻才能开始进行重配置。但是，如果在时间间隔 $[t, t_m]$ 内（假设在时刻 $t'(t < t' < t_m)$），簇首接收到某个代理 j 发送的 $x_{j,t'}$ 和重配置请求，则需要求解 $V = x_{j,t'} + \sum_{i=1, i \neq j}^{n} [x_{i,t} + (t' - t) \cdot \delta_i]$ 的值，如果 $V < TH_d$，则将重配置时刻重置为 $t' + m'$，其中 $m' = (TH_d - V) / \sum_{i=1}^{n} \delta_i$；否则，需要对子网内的资源进行重配置。

下面证明该算法的正确性。

命题 1：簇首在 t' 时刻接收到上一次重配置时刻 t 后的第一个重配置请求消息。如果 $V < TH_d$，且 $k(t' \leq k \leq t' + m')$ 时刻无重配置请求，则 $\sum_{i=1}^{n} x_{i,k} \leq TH_d$。这里 $V = x_{j,t'} + \sum_{i=1, i \neq j}^{n} [x_{i,t} + (t' - t) \cdot \delta_i]$，$m' = (TH_d - V) / \sum_{i=1}^{n} \delta_i$。

证明：

①因为 $V < TH_d$，所以，簇首所在子网内的被管代理没有达到重配置条件，簇首需要等重配置的时间到达。

②因为 $k(t' \leq k \leq t' + m')$ 且 $x_{i,k} - x_{i,k-1} < \delta_i$，所以，$\sum_{i=1}^{n} x_{i,k} < \sum_{i=1}^{n} [x_{i,t'} + (k - t') \cdot \delta_i]$。

③因为 $\sum_{i=1}^{n} x_{i,t'} < V$，所以，$\sum_{i=1}^{n} x_{i,k} < (k - t') \cdot \sum_{i=1}^{n} \delta_i + \sum_{i=1}^{n} x_{i,t'} < (k - t') \cdot \sum_{i=1}^{n} \delta_i + V$。

④因为 $(k - t') \cdot \sum_{i=1}^{n} \delta_i \leq m' \cdot \sum_{i=1}^{n} \delta_i$，所以，$\sum_{i=1}^{n} x_{i,k} \leq m' \cdot \sum_{i=1}^{n} \delta_i + V$。

综上所述，当 $m' = (TH_d - V) / \sum_{i=1}^{n} \delta_i$ 时，有 $\sum_{i=1}^{n} x_{i,k} \leq TH_d$。证毕。

从命题 1 可知，在 t' 时刻，当簇首接收到重配置请求时，若满足 $V < TH_d$，则不需要进行重配置，可以等待到 $t' + m'$ 时刻进行重配置。如果在 $[t', t' + m']$ 的区间内又接收到了新的重配置请求，则可以按 t' 时刻的处理方式进行处理。

5.3.2　重配置请求次数的极限值

一方面，如果有一个重配置请求到达，就开始判断是否进行重配置，必然使重配置的花费增加；另一方面，当使用资源分配算法给虚拟网分配资源时，如果某个底层网络的资源不能满足虚拟网的要求，资源分配算法将使用可以替代的底层网络资源为虚拟网分配资源，防止虚拟网资源分配失败。基于此，如果重配置的时间没有到，且需要判断是否执行重配置时，最少要出现的重配置请求次数 $n_{req} = 4$ ，下面进行详细说明。

假设代理 i 向簇首发送重配置请求的事件使用 $F_i = 1$ 表示，则代理 i 不向簇首发送重配置请求的事件使用 $F_i = 0$ 表示。即

$$F_i = \begin{cases} 1, & p_i \\ 0, & 1 - p_i \end{cases}, \tag{5-2}$$

或者

$$p(F = k) = p_i^k (1 - p_i)^{1-k}, k = 0, 1, 0 \leq p_i \leq 1。 \tag{5-3}$$

所以，随机变量 F_i 服从伯努利分布。如果代理向簇首发送重配置请求的事件之间互相独立，并且事件发生的概率在一个小的范围内变化，则在 t 时刻，n 个代理向簇首发送重配置请求的事件 $F_1, F_2, \cdots, F_i, \cdots, F_n$ 服从二项分布。

假设代理向簇首发送重配置请求事件的概率为 p，并且用 $|F| = \sum_{i=1}^{n} F_i$ 表示时刻 t 簇首接收到的重配置请求事件的数量，则

$$p(|F| = k) \approx \binom{n}{k} p^k (1 - p)^{n-k}。 \tag{5-4}$$

例如，当网络中含有 1000 个资源时，假设代理 i 向簇首发送重配置请求事件的近似概率为 $P(F_i = 1) \approx 10^{-3}$，则簇首在某个时刻 t 没有接收到重配置请求的概率为 0.367 695，接收到一个重配置请求的概率是 0.368 063，接收到两个重配置请求的概率是 0.184 031，接收到 3 个重配置请求的概率是 0.061 282，接收到 4 个重配置请求的概率是 0.015 289。相似地，簇首能够接收到 5 个及 5 个以上重配置请求的概率为 0.003 637，即

$$p(|F| > 4) = 1 - \sum_{k=0}^{4} p(|F| = k) \approx 0.003\ 637。$$

从上文的描述可知，同时接收到 5 个及 5 个以上重配置请求的概率非常小。考虑到重配置次数增加会使重配置的花费增加及资源分配算法会使用可

以替代的底层资源代替当前短缺的底层资源，本研究取重配置请求次数达到 4 时，开始判断是否执行重配置。

5.3.3　重配置算法

本章提出的重配置算法如算法 1 所示。算法第 2 行到第 15 行是主函数。算法第 16 行到第 28 行是重配置函数定义。算法第 6 行到第 14 行，判断重配置的时机是否到达。如果请求到达，并且 $V \geqslant TH_d$ 时，调用重配置函数（第 7 行到第 8 行）。如果 $V < TH_d$，计算新的重配置时间间隔（第 9 行到第 11 行）。如果重配置的时机到达，调用重配置函数（第 12 行到第 14 行）。在算法第 16 行到第 28 行，重配置函数首先获得所有资源的占用情况，并计算新的重配置时机（第 18 行到第 19 行）。如果重配置启动函数被激活，从第 21 行到第 26 行执行资源的重配置。在第 22 行，首先查找 $x_i > \lambda_i$ 并且 $\Delta_i \geqslant \delta_i$ 的所有底层资源 R'。在第 23 行到第 26 行对 R' 上的部分虚拟资源进行重配置，并更新相关的虚拟网信息。算法 1 如下。

算法 1：虚拟网环境下基于预测的资源重配置算法。

1: int $t_m = 0$; $f_t = 0$; $t' = 0$; $n_{req} = 0$;

2: while（TRUE）

3: {

4:　　if 接收到重配置请求

5:　　　　n_{req} ++；

6:　　　　if（$t < t_m$ && $n_{req} = 4$ at t'）

7:　　　　　if $V \geqslant TH_d$

8:　　　　　　Reconfig（）;

9:　　　　　else

10: $t_m = t' + (TH_d - V) / \sum_{i=1}^{n} \delta_i$；

11:　　　　　$n_{req} = 0$；

12: else if（$t \geqslant t_m$）

13:　　　　Reconfig（）;

14:　　　　$n_{req} = 0$；

15: }

16: function Reconfig（）//重配置函数定义

17: {

18：　f←获得所有的 x_i；

19：$t_m = t + \left| (TH_d - \sum_{i=1}^{n} x_{i,t}) / \sum_{i=1}^{n} \delta_i \right|$；

20：　If （$f > TH_d$）

21：　　{

22：　　　查找底层资源 R' which $x_i > \lambda_i$ and $\Delta_i \geq \delta_i$；

23：　　While （R'）

24：　　　查找能够代替 R' 承载虚拟资源的底层资源 R；

25：　　　重配置 R' 的部分虚拟资源到底层资源 R；

26：　　　更新相关的虚拟网；

27：　　}

28：}。

5.4　评估

5.4.1　评价指标

（1）重配置花费

重配置花费 cost 的定义为：

$$\text{cost} = \alpha \times num_{reconf} + \beta \times num_{reconf}^{node} + \lambda \times num_{reconf}^{link}。 \qquad (5\text{-}5)$$

其中，num_{reconf} 是指定时间内的重配置次数。num_{reconf}^{node} 和 num_{reconf}^{link} 表示指定时间内所有节点和链路的重配置次数，α、β、λ 表示 3 个参数间的权重值。

（2）虚拟网资源请求接收率

虚拟网资源请求接收率 R 定义为

$$R = \frac{G_{allocation}^{V}}{G_{request}^{V}}。 \qquad (5\text{-}6)$$

其中，$G_{request}^{V} = \sum_{e_{request}^{V} \in E_{request}^{V}} b(e_{request}^{V}) + \sum_{n_{request}^{V} \in N_{request}^{V}} c(n_{request}^{V})$，$G_{allocation}^{V} = \sum_{e_{allocation}^{V} \in E_{allocation}^{V}} b(e_{allocation}^{V}) + \sum_{n_{allocation}^{V} \in N_{allocation}^{V}} c(n_{allocation}^{V})$。

$G_{request}^{V}$ 表示所有虚拟网请求的链路 $e_{request}^{V}$ 的带宽资源 $b(e_{request}^{V})$ 和节点 $n_{request}^{V}$ 的吞吐量资源 $c(n_{request}^{V})$ 之和，$G_{allocation}^{V}$ 表示已分配到资源的虚拟网请求的链路 $e_{allocation}^{V}$ 的带宽资源 $b(e_{allocation}^{V})$ 和节点 $n_{allocation}^{V}$ 的吞吐量资源 $c(n_{allocation}^{V})$ 之和。$E_{request}^{V}$ 表示所有虚拟网请求的链路集合，$N_{request}^{V}$ 表示所有虚拟网请求的

节点集合；$E_{allocation}^{V}$ 表示已分配到资源的虚拟链路集合，$N_{allocation}^{V}$ 表示已分配到资源的虚拟节点集合。

5.4.2 实验环境搭建

实验使用 GT-ITM 工具来生成底层网络和虚拟网络请求[17-18]。底层网络的节点数量范围为 [100，600]，虚拟网络的节点数量范围为 [20，80]。节点之间的链路使用 Locality 方法生成，任意两个节点之间存在链路的概率是 0.1，链路中长边的数量相对于短边的数量的比值设置为 0.01，每个节点可以与半径为 0.2 范围内的其他节点进行连接。在这种网络规模下，算法运行 200 个时间单位。

5.4.3 δ_i 取值对算法性能影响

虚拟网络节点数目变化时，被管对象资源占用率的改变量阈值 δ_i 与重配置花费之间的关系如图 5-3 所示。

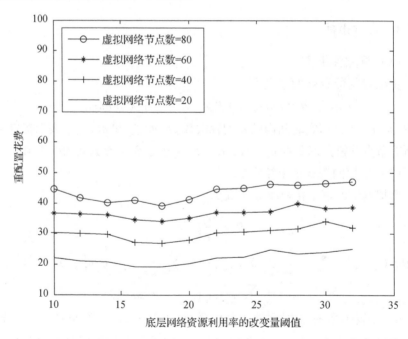

图5-3 不同 δ_i 值对重配置花费的影响

实验环境中底层网络包含 600 个节点，x 轴表示资源占用率的改变量阈值，在（10，32）取值。y 轴表示重配置的花费。可以看出，随着 δ_i 的增加，重配置的花费逐渐减少。当 δ_i 取值 18 左右时，4 种网络规模的花费都接近最小。当 δ_i 的值增加后，重配置花费开始增加，原因是当 δ_i 增加时，代理向簇首发送重配置请求的概率减小，但簇首处重配置的时间间隔缩短，导致重配置次数增加，从而增加了重配置的花费。同时可以看出，随着网络节点数的增加，重配置的花费也逐渐增加。

5.4.4　与算法 VNA-Ⅱ和 PMPA 的比较

下文将从重配置花费、虚拟网请求接收率两个方面与算法 VNA-Ⅱ[4] 和算法 PMPA[5] 进行比较。

（1）重配置花费的比较

如图 5-4 所示，x 轴表示底层网络规模的变化情况，节点个数在 100 到 550 之间变化，y 轴表示重配置花费。根据 δ_i 取值对算法性能影响的实验结果，本部分实验 δ_i 取值为 18。

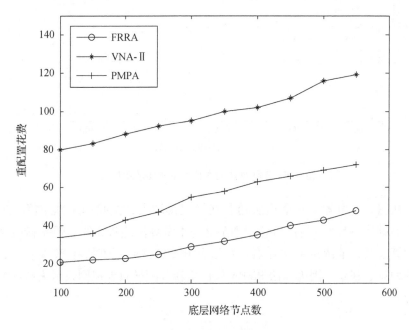

图 5-4　3 种算法的重配置花费比较

从图 5-4 可知，本章算法 FRRA 随着网络规模的增大，算法的花费逐渐增加，但是变化幅度很小，维持在 30 左右。当算法 VNA-Ⅱ 和算法 PMPA 都以 20 个时间单位为周期进行重配置，算法 VNA-Ⅱ 和算法 PMPA 的重配置花费比本研究提出的算法大，因为使用周期性的重配置策略，当网络不存在资源缺少时也进行重配置，导致花费增多。

（2）虚拟网请求接收率的比较

如图 5-5 所示，x 轴表示底层网络规模的变化情况，节点个数在 100 ~ 550 变化；y 轴表示虚拟网请求接收率。

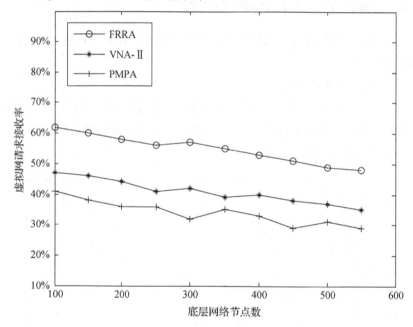

图 5-5 3 种算法的虚拟网请求接收率比较

从图 5-5 可知，本章算法随着网络规模增大，接收率逐渐下降，但是接收率维持在 55% 左右。算法 VNA-Ⅱ 与本章算法趋势相同，但是接收率比本章算法低，维持在 42% 左右。算法 PMPA 的接收率维持在 30% 左右，比前两种算法都差，因为算法 PMPA 仅仅重新分配导致虚拟网映射失败的底层资源。

5.5 本章小结

在网络进化环境下，为了减少重配置对网络性能的负面影响，其一将网络资源的占用情况与资源重配置时机之间建立数学模型，提出了重配置启动算法，推导了重配置请求次数的极限值；其二，提出了基于预测的资源重配置算法。通过仿真实验，与算法 VNA-Ⅱ和 PMPA 进行了比较，结果表明本章提出的算法减少了重配置的花费、提高了虚拟网请求接收率。

参考文献

［1］ ANDERSON T, PETERSON L, SHENKER S, et al. Overcoming the Internet impasse through virtualization ［J］. Computer, 2005, 38（4）: 34 – 41.

［2］ CHOWDHURY N M M K, BOUTABA R. Network virtualization state of the art and research challenges ［J］. IEEE communications magazine, April, 2009（47）: 20 – 26.

［3］ FEAMSTER N, GAO L, REXFORD J. How to lease the Internet in your spare time ［J］. ACM SIGCOMM computer communications Review, 2007, 37（1）: 61 – 64.

［4］ ZHU Y, AMMAR M. Proceedings of the IEEE International Conference on Computer Communications（IEEE INFOCOM）, April 23 – 29, 2006 ［C］. Barcelona: IEEE, 2006.

［5］ YU M, YI Y, REXFORD J, et al. Rethinking virtual network embedding: substrate support for path splitting and migration ［J］. ACM SIGCOMM computer communication review, 2008, 38（2）: 17 – 29.

［6］ HE J Y, RUI Z S, LI Y, et al. Proceedings of the 2008 ACM CoNEXT Conference, December, 2008 ［J］. Madrid: ACM, 2008.

［7］ CHOWDHURY N M M K, RAHMAN M R, et al. Proceedings of the IEEE International Conference on Computer Communications（IEEE INFOCOM）, April 19 – 25, 2009 ［C］. Rio de Janeiro: IEEE, 2009.

［8］ MARQUEZAN C C, GRANVILLE L Z, NUNZI G, et al. Proceedings of the 2010 IEEE/IFIP Network Operations and Management Symposium（NOMS）, April 19 – 23, 2010 ［C］. Osaka: IEEE, 2010.

［9］ CAI Z P, LIU F, XIAO N. Proceedings of the IEEE Telecommunications Conference（GLOBECOM）, December, 2010 ［C］. Miami: 2010.

［10］ 齐宁，汪斌强，郭佳. 逻辑承载网构建方法的研究 ［J］. 计算机学报，2010，33（9）: 1533 – 1540.

［11］ WONG E W M, CHAN A K M, YUM T S P. A taxonomy of rerouting in circuit-switched networks ［J］. IEEE communications magazine, 1999, 37（11）: 116 – 122.

［12］ FAN J, AMMAR M. Proceedings of the IEEE International Conference on Computer Communications（IEEE INFOCOM）, April 23 – 29, 2006 ［C］. Barcelona: IEEE, 2006.

［13］张怡，孙志刚. 面向可信网络研究的虚拟化技术［J］.计算机学报，2009，32
（3）：417－423.

［14］DILMAN M，RAZ D. Efficient reactive monitoring［J］. IEEE journal on selected areas in communications，2002，20（4）：668－676.

［15］WUHIB F，STADLER R，DAM M. Proceedings of the IFIP/IEEE International Symposium on Integrated Network Management（IM），June，2009［C］. Long Island：2009.

［16］BULUT A，KOUDAS N，MEKA A. Optimization techniques for reactive network monitoring［J］. IEEE transactions on knowledge and data engineering，2009，21（9）：1343－1357.

［17］ZEGURA E，CALVERT K，HATTACHARJEE B. Proceedings of the IEEE International Conference on Computer Communications（IEEE INFOCOM），March，1996［C］. San Francisco，1996.

［18］ZHANG S L，QIU X S，MENG L M. Virtual network mapping algorithm for large-scale network environment［J］.哈尔滨工业大学学报（英文版），2012（4）：55－63.

第6章　网络虚拟化环境下
QoS 驱动的资源分配机制

随着网络虚拟化技术的商业化运行，虚拟网络向底层网络请求的带宽容量、资源成本、资源价格等 QoS 要素在资源分配中越来越重要，以前只考虑提高底层网络资源利用率的研究已经不能解决这个问题。本研究首先对 QoS 驱动的 VN 资源分配问题进行了形式化的描述，提出了基于三方博弈的两阶段资源分配模型。基于此模型，QoS 驱动的资源分配机制被提出，并证明了该机制能够满足占优策略激励兼容特性，实现系统利润最大化的目标。为了实现资源分配机制中 VN 资源请求策略的最优化，保证 VN 对 SN 资源的合理使用，基于 Q-learning 的 VN 需求量策略选择算法被提出。仿真实验结果表明，VN 可以通过学习得到最优的资源请求策略，提高了 VN 的总效用，降低了总花费。资源分配机制可以确保 VN 获得容量保障的带宽资源，同时提高了 SN 资源的利用率。

6.1　引言

现有互联网架构具有一些难以克服的缺陷[1-2]，网络虚拟化被提出并被认为是下一代网络架构的关键技术之一[3-5]。在网络虚拟化环境中，基础设施提供商负责部署和管理底层网络资源，服务提供商租用基础设施提供商的 SN 资源，构建虚拟网络，为终端用户提供服务。从而在共享由不同基础设施提供商提供的底层物理网络资源的基础上，能同时支持多个不同服务提供商提供的 VN。网络虚拟化环境下的服务模型如图 6-1 所示。

VN 的资源分配问题是网络虚拟化环境中的一个研究热点[6-11]。参考文献 [6-10] 从单个 SN 的角度，提出如何提高 SN 的资源利用率的算法。参考文献 [11] 从单个 VN 的角度，提出 SN 的划分算法，实现多个 SN 为单个 VN 分配资源的算法。

但是，随着网络虚拟化系统逐渐从封闭的科研领域走向开放的商业应用

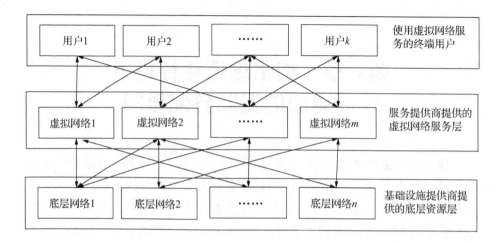

图 6-1　网络虚拟化环境下的服务模型

环境，QoS 需求遂成为网络虚拟化研究的重点。在各类 QoS 需求中，分配给 VN 资源的容量约束和费用约束是重要的 QoS 指标。参考文献［11］在资源分配中引入经济学中的拍卖理论，提出了多个 SN 和单个 VN 之间的资源分配机制，用于解决资源分配时资源使用效率的问题。但是，没有对如何确保 VN 能够得到有保障的 SN 资源，以及 VN 如何合理的使用 SN 资源等问题进行研究。尤其是如何设计适合真实的网络虚拟化环境特点（参与者包括多个 SN、多个 VN、多个用户）的资源分配模型，没有对此进行研究。

　　为解决这些问题，本研究首先对 QoS 驱动的 VN 资源分配问题进行了形式化的描述，提出了基于三方博弈的两阶段资源分配模型。该模型通过引入一类"资源分配中心"实体，将资源分配问题转化为由资源提供者、资源请求者、资源分配中心三方组成的博弈过程。基于这个资源分配模型，QoS 驱动的资源分配机制被提出。通过对提出的资源分配机制的分配策略性能分析，证明了本研究提出的资源分配机制满足占优策略激励兼容特性，并且可以实现系统利润最大化的目标。为了实现资源分配机制中 VN 资源请求量策略的最优化，保证 VN 对 SN 资源的合理使用，基于 Q-learning 的资源需求策略选择算法被提出，用于求解 VN 在拍卖中的最优竞价策略问题。最终通过仿真实验，验证了 Q-learning 可以实现 VN 在拍卖中得到最优的资源需求策略，同时也验证了本研究的资源分配机制的有效性。

6.2　问题描述

设 SN 集合为 $I_{SN} = \{SN_1, SN_2, \cdots, SN_i\}$，$SN_i$ 为 VN 提供计算资源和链路资源。设 SN_i 的计算资源的固定平均成本为 $f^c_{SN_i}$，计算资源的单位成本为 $u^c_{SN_i}$，计算资源的最大容量为 $cp^c_{SN_i}$。SN_i 的链路资源的固定平均成本为 $f^e_{SN_i}$，链路资源的单位成本为 $u^e_{SN_i}$，链路资源的最大容量为 $cp^e_{SN_i}$。当 SN_i 的市场上的计算资源供给量为 $y^c_{SN_i}$，链路资源供给量为 $y^e_{SN_i}$ 时，SN_i 消耗的成本 C_{SN_i} 为

$$C_{SN_i} = \begin{cases} 0, & y^c_{SN_i} = 0, y^e_{SN_i} = 0 \\ f^c_{SN_i} + y^c_{SN_i} \times u^c_{SN_i} + f^e_{SN_i} + y^e_{SN_i} \times u^e_{SN_i}, & 0 < y^c_{SN_i} \leq cp^c_{SN_i}, 0 < y^e_{SN_i} \leq cp^e_{SN_i} \end{cases} \tag{6-1}$$

设 VN 集合为 $I_{VN} = \{VN_1, VN_2, \cdots, VN_j\}$，$VN_j$ 为用户提供服务，需要使用 SN_i 提供的计算资源和链路资源。设 VN_j 的计算资源需求量为 $y^c_{VN_j}$，链路资源需求量为 $y^e_{VN_j}$ 时，对于每一单位资源，SN_i 的利润为实际交易的价格减去成本。所以，QoS 驱动的最优的资源分配问题就是 SN 在确保满足 VN 的 QoS 要求的前提下，使 SN 消耗的总成本最小。

$$X^* = \arg\min_{X^i} \sum \{(\lambda_i f^c_{SN_i} + y^c_{SN_i} \times u^c_{SN_i}) + (\gamma_i f^e_{SN_i} + y^e_{SN_i} \times u^e_{SN_i})\},$$
$$\tag{6-2}$$

$$\sum_j y^c_{VN_j} = \sum_i y^c_{SN_i}, \quad \sum_j y^e_{VN_j} = \sum_i y^e_{SN_i}, \tag{6-3}$$

$$y^c_{SN_i} \leq cp^c_{SN_i}, \quad y^e_{SN_i} \leq cp^e_{SN_i}, \tag{6-4}$$

$$\lambda_i = \begin{cases} 1, y^c_{SN_i} > 0 \\ 0, y^c_{SN_i} = 0 \end{cases}, \quad \gamma_i = \begin{cases} 1, y^e_{SN_i} > 0 \\ 0, y^e_{SN_i} = 0 \end{cases}. \tag{6-5}$$

其中，$X = \{x_1, x_2, \cdots, x_n\}$ 表示资源分配时，n 个 SN 的资源供给量信息。$X^* = \{x_1^*, x_2^*, \cdots, x_n^*\}$ 表示最优资源分配情况下 SN 的资源供给量。式（6-3）表示 SN 总的计算资源和带宽资源供给量等于 VN 总的计算资源和带宽资源需求量。式（6-4）表示 SN 的计算资源和带宽资源的供给量都不大于计算资源和带宽资源的最大容量。式（6-5）说明 SN 的供给量大于 0 时，

才会产生固定成本。

6.3 QoS 驱动的资源分配机制

根据 QoS 驱动的资源分配问题的形式化描述，本小节首先提出了基于三方博弈的两阶段资源分配模型。其次，基于这个资源分配模型，QoS 驱动的资源分配机制被提出。最后，通过对提出的资源分配机制的分配策略性能分析，证明了本研究提出的资源分配机制的有效性。

6.3.1 资源分配模型

本研究提出的基于三方博弈的两阶段资源分配模型如图 6-2 所示，该模型通过引入一类"资源分配中心"实体，将资源分配问题转化为由资源提供者、资源请求者、资源分配中心三方组成的博弈过程。模型主要包括 SN Agent 模块、VN Agent 模块、资源分配中心 Agent 模块。

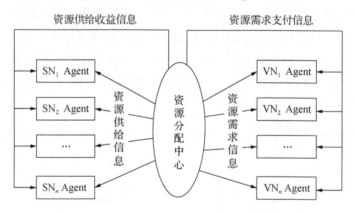

图 6-2 基于三方博弈的两阶段资源分配模型

资源分配时，在第一阶段，SN Agent 向资源分配中心上报资源供给信息，VN Agent 向资源分配中心提出资源需求信息。在第二阶段，资源分配中心使用资源分配机制，执行资源分配，并向 VN Agent 返回资源需求的效用和支付信息，向 SN Agent 返回资源供给的效用信息。

由于拍卖机制可操作性强，可使资源在短时间内被合理分配，获得系统范围内最优解或较优解[12-14]。拍卖机制已被成功应用到网络资源分配[15-17]。

基于对现有研究的分析，本研究的资源分配机制采用拍卖理论进行设计。为了更好地理解本研究提出的资源分配机制，下面先对资源分配参与者的效用进行描述。

6.3.2 资源分配参与者的效用

资源分配参与者的效用包括 SN 效用、VN 效用。SN 的效用是销售计算资源和带宽资源给 VN 而带来的收益，VN 的效用是为终端用户提供服务带来的收益。下面进行详细描述。

（1）SN 效用

SN 的效用为销售计算资源和带宽资源带来的收益。如果 SN 能够被激励上报自己资源的真实情况，资源分配中心才能够求解出真实的资源分配情况，否则会出现资源分配错误。例如，假设 SN 的计算资源容量为 100 个，但是 SN 出于自私的目的，误报自己的计算资源容量为 150 个，当资源分配中心为其分配 120 个计算资源请求时，由于 SN 不能提供 VN 120 个计算资源，导致资源分配失败，影响资源分配中心和 SN 的市场信誉。为了使 SN 能够被激励上报自己资源的真实情况，本研究定义 QoS 驱动的 SN 的效用函数为：

$$U_i(x_i, R_i, \theta_i) = R_i - C_i(x_i, \theta_i) - P_i 。 \tag{6-6}$$

其中，$\theta_i = (\widehat{f^c_{SN_i}}, \widehat{u^c_{SN_i}}, \widehat{cp^c_{SN_i}}, \widehat{f^e_{SN_i}}, \widehat{u^e_{SN_i}}, \widehat{cp^e_{SN_i}})$ 表示 SN_i 上报给资源分配中心的资源供给的相关信息。R_i 表示 SN_i 销售其 θ_i 类型的资源 $x_i \in x$ 给 VN 后的收益。$C_i(x_i, \theta_i)$ 表示 SN_i 分配其 θ_i 类型的资源 $x_i \in x$ 给 VN 后的花费。P_i 表示 SN_i 谎报自己的资源类型 θ_i 的惩罚。

本研究的资源分配机制的目标是：通过调整每个 SN 提供商的效用值，促使每个 SN 说真话。所以对 SN_i，收益 R_i 被定义为其参加资源分配后，带来的社会福利。

$$R_i = \left[\min_x \sum_{y^c_{SN_j} \leqslant cp^c_{SN_j}, y^e_{SN_j} \leqslant cp^e_{SN_j}, SN_j \in I_{SN} \backslash i} (\alpha \widehat{f^c_{SN_j}} + \widehat{u^c_{SN_j}} x^c_j + \beta \widehat{f^e_{SN_j}} + \widehat{u^e_{SN_j}} x^e_j)\right] -$$
$$\left[\sum_{SN_j \in I_{SN}, -i} (\alpha^* \widehat{f^c_{SN_j}} + \widehat{u^c_{SN_j}} \widehat{x^c_j}^* + \beta \widehat{f^e_{SN_j}} + \widehat{u^e_{SN_j}} \widehat{x^e_j}^*)\right] 。 \tag{6-7}$$

其中，$\widehat{x^c_j}^*$ 表示 SN_j 最优的计算资源分配数量。$\widehat{x^e_j}^*$ 表示 SN_j 最优的带宽资源分配数量。式（6-7）的前半部分表示当 SN_i 不参加资源分配时，最优资源分配策略的总花费。公式的后半部分表示当 SN_i 参加资源分配时，最优资源分配策略的总花费减去 SN_i 的花费。因此，SN_i 的收益表示 SN_i 参加资源分配后带来的总体花费的减小数值，并且 SN_i 的收益永远是非负值。因为参与资源分配的 SN 数量的增加，肯定不会带来最优的资源分配策略的总花费增加。

对 SN_i，花费的大小与资源的固定成本、分配给 VN 的资源的数量、资源的单位价格相关，本研究定义 SN_i 的花费如式（6-8）所示，SN_i 的目标是花费最小。

$$C_i(x_i, \theta_i) = (\lambda_i f^c_{SN_i} + y^c_{SN_i} \times u^c_{SN_i}) + (\gamma_i f^e_{SN_i} + y^e_{SN_i} \times u^e_{SN_i})。 \quad (6-8)$$

为了防止 SN 说谎，导致资源分配失败，影响资源分配中心和 SN 的市场信誉。本研究对故意误报资源供给信息的 SN 进行惩罚：

$$P_i = R_i\{(x_i^{c*} \geq \overline{x_i^c}) or (x_i^{e*} \geq \overline{x_i^e})\}。 \quad (6-9)$$

其中，x_i^{c*} 表示 SN_i 被要求分配的计算资源数量。x_i^{e*} 表示 SN_i 被要求分配的链路资源数量。$\overline{x_i^c}$ 表示 SN_i 实际的计算资源数量。$\overline{x_i^e}$ 表示 SN_i 实际的链路资源数量。式（6-9）表示，当要求底层网络分配给虚拟网络的资源数量大于底层网络实际的容量时，资源分配中心会对底层网络进行惩罚。

（2）VN 效用

VN 效用是为终端用户提供服务带来的收益。所以 VN 必须使用最优的资源请求数量，既能满足终端用户的资源需求，为终端用户提供优质服务，也不浪费 SN 资源，才能保证 VN 的收益最大化。

假设存在 M 个 VN，VN_j 的用户集合设为 $User_j$，即 $User_j = \{user_1, user_2, \cdots, user_k\}$，用户 $user_k$ 的效用函数为 $u_{user_k}(g_k, r_k)$，g_k 表示用户 $user_k$ 被分配的资源，r_k 表示用户 $user_k$ 使用的资源。在参考文献 [18] 中，用户的效用函数被定义为服务提供商提供的服务的平均端到端用户的延迟：

$$\sum_{j=1}^{n} r_j^k \left(l_j + l_0 \exp\left(\frac{r_j^k}{g_j^k}\right) \right)。 \quad (6-10)$$

其中，l_j 表示链路的传播延迟，$l_0 = 1$ ms，是一个固定的链路延迟。$l_0 \exp\left(\frac{r_j^k}{g_j^k}\right)$ 表示链路效用函数的队列延迟，并且函数 $\sum_{j=1}^{n} r_j^k \left(l_j + l_0 \exp\left(\frac{r_j^k}{g_j^k}\right) \right)$ 是严格凹函数。基于此，本研究设定用户 $user_k$ 的效用函数为式（6-11）。网络虚拟化环境可以提供链路延迟有保障的虚拟链路资源[3-4]，本研究将所有链路的延迟均设置为 1 ms。式（6-11）表示用户效用函数的目标是最小化用户的端到端延迟：

$$u_{user_k}(g_k, r_k) = -\sum_{j=1}^{n} r_j^k \left(l_j + l_0 \exp\left(\frac{r_j^k}{g_j^k}\right) \right)。 \tag{6-11}$$

定义 VN_j 的效用函数为 $F_{VN_j}(User_j) = \sum_{u_{user_k} \in User_j} \alpha_k \times u_{user_k}$，其中，$\alpha_k$ 是用户 $user_k$ 的权重。VN_j 每次竞拍时，选择的请求资源数量策略为 $b_j = \sum_{i=1}^{k} g_i$，VN_j 的所有策略构成的策略集 B_i，即 $b_i \in B_i$。VN_j 的最优竞价策略 θ_{VN_j} 表示 VN_j 对于网络带宽的最优需求量。本研究中考虑 VN 的策略集为离散集合，策略集 B_i 中包含 VN_j 的真实竞价 θ_{VN_j}，即 $\theta_{VN_j} \in B_i$。在每轮竞拍过程中，所有 VN 的竞价信息由 M 维向量 b 来表示，即 $b = \{b_1, b_2, \cdots, b_M\}$。

资源分配中心的目标是最大化所有 VN 的效用：

$$\max_b \sum_{j=1}^{M} F_{VN_j}(User_j)， \tag{6-12}$$

$$\text{s. t. } \sum_{i=1}^{M} b_i \leqslant \sum_{i=1}^{N} cp_{SN_i}^e, b_i \in b。$$

其中，$\sum_{i=1}^{N} cp_{SN_i}^e$ 表示所有 SN 链路资源的带宽容量，约束条件表明所有 VN 被分配的资源总和要小于 SN 的资源容量。

资源分配中心定义 VN_j 的支付为 τ_j，表示 VN_j 未加入网络时，网络中所有 VN 的效用函数和，减去 VN_j 加入网络后其他 VN 的效用函数和，如式（6-13）所示。

$$\tau_j = \sum_{i=1, j\neq i}^{M} F_{VN_i}(X_{VN_i}^*) - \sum_{i=1, j\neq i}^{M} F_{VN_i}(X_{VN_i, -VN_j}^*)。 \tag{6-13}$$

其中，$X_{VN_i}^*$ 表示式（6-12）的最优解，即 $X_{VN_i}^* = \max_b \sum_{i=1}^{M} F_{VN_i}(User_i)$。$X_{VN_i, -VN_j}^*$ 表示 VN_j 参与资源请求，并且不计算 VN_j 的效用时，式（6-12）的最优解。

VN_j 的效用函数定义为：

$$\psi_{VN_j} = F_{VN_j}(User_j) - \tau_j。 \tag{6-14}$$

从式（6-14）可知，VN_j 每次竞拍时的策略 b_j 是收益最大化的关键要素。如何选择 b_j 值，不但与 VN 本身的用户信息相关，而且与其他 VN 选择的策略、SN 资源的数量相关。本研究在第 4 部分通过使用 Q-learning 算法，使每个 VN 得到一个较好的竞拍策略。

另外，从式（6-14）可知，VN 的效用与其为用户提供的服务的平均端到端的延迟相关，所以链路资源的带宽容量是资源约束瓶颈。因此，网络虚拟化环境下的 QoS 驱动的资源分配问题主要解决带宽容量的瓶颈问题。

6.3.3　QoS 驱动的资源分配机制

本研究提出的 QoS 驱动的资源分配机制如下：

①n 个 SN Agent 向资源分配中心上报资源供给信息 $\Theta = \{\theta_1, \theta_2, \cdots, \theta_n\}$；

②m 个 VN Agent 向资源分配中心提出资源需求信息 $b = \{b_1, b_2, \cdots, b_m\}$；

③资源分配中心使用式（6-2），为每个 VN 需求分配资源，得到分配向量 $\hat{x}^*$；

④对每一个 SN_i，资源分配中心检测是否其最大容量小于给其分配的 VN 请求的资源总数量，如果是，则取消其分配资源的权利；

⑤资源分配中心使用式（6-6）计算 SN 的效用值；

⑥资源分配中心使用式（6-13）计算 VN 的支付，使用式（6-14）计算 VN 的效用值；

⑦签订成交合同，进行分配资源。

6.3.4　分配策略性能分析

能够使每个参与者都获得占优策略的拍卖机制被称为有效的拍卖机制[13]。对于拍卖者及其获胜者确定占优策略问题，应该考虑参与者集合能实现两个目标：

①激励相容，即要求投标者出于自利的目的投标自己的真实成本函数。激励相容需要证明：a. 投标真实估价是所有投标者的占优策略（使用定理 1 证明）；b. 证明参与者是个体理性的，都会积极地参与到拍卖中来（使用定理 2 证明）。

②资源分配效率，也就是系统利润最大化（使用定理 3 证明）。

定理 1：对于每一个交易者的拍卖价格和数量是策略性防伪的（strategy-proof）

证明：

首先证明 SN 上报的固定成本和单位成本是真实的。SN_i 的效用函数最大化表示为

$$\arg\max_{\widehat{\theta}_i\in\Theta_i}(U_i(\widehat{\theta}_i),x)=\arg\max_{\widehat{\theta}_i\in\Theta_i}(R_i-C_i(x,\widehat{\theta}_i)-P_i)$$

$$=\arg\max_{\widehat{\theta}_i\in\Theta_i}\Big(\big[\min_x\sum_{y\$_{SN_j}\leqslant cp\$_{SN_j},\ y\$_{SN_j}\leqslant cp\$_{SN_j},\ SN_j\in I_{SN}\setminus i}(\alpha\widehat{f^c_{SN_j}}+\widehat{u^c_{SN_j}}x^c_j+\beta\widehat{f^e_{SN_j}}+\widehat{u^e_{SN_j}}x^e_j)\big]-$$

$$\big[\sum_{SN_j\in I_{SN,-i}}(\alpha^*\widehat{f^c_{SN_j}}+\widehat{u^c_{SN_j}}\widehat{x^c_j}{}^*+\beta\widehat{f^e_{SN_j}}+\widehat{u^e_{SN_j}}\widehat{x^e_j}{}^*)\big]-$$

$$(\alpha^*f^c_{SN_i}+\widehat{x^c_i}{}^*\times u^c_{SN_i})-(\beta^*f^e_{SN_i}+\widehat{x^e_i}{}^*\times u^e_{SN_i})-0\Big),$$

因为 $\big[\min_x\sum_{y\$_{SN_j}\leqslant cp\$_{SN_j},\ y\$_{SN_j}\leqslant cp\$_{SN_j},\ SN_j\in I_{SN}\setminus i}(\alpha\widehat{f^c_{SN_j}}+\widehat{u^c_{SN_j}}x^c_j+\beta\widehat{f^e_{SN_j}}+\widehat{u^e_{SN_j}}x^e_j)\big]$ 与 SN_i

无关，所以

$$\big[\sum_{SN_j\in I_{SN,-i}}(\alpha^*\widehat{f^c_{SN_j}}+\widehat{u^c_{SN_j}}\widehat{x^c_j}{}^*+\beta\widehat{f^e_{SN_j}}+\widehat{u^e_{SN_j}}\widehat{x^e_j}{}^*)\big]=$$

$$\min\sum_{SN_j\in I_{SN}}(\alpha\widehat{f^c_{SN_j}}+\widehat{u^c_{SN_j}}\widehat{x^c_j}+\beta\widehat{f^e_{SN_j}}+\widehat{u^e_{SN_j}}\widehat{x^e_j})-$$

$$(\alpha^*\widehat{f^c_{SN_i}}+\widehat{u^c_{SN_i}}\widehat{x^c_i}{}^*+\beta^*\widehat{f^e_{SN_i}}+\widehat{u^e_{SN_i}}\widehat{x^e_i}{}^*),$$

上式变为

$$=\arg\max_{\widehat{\theta}_i\in\Theta_i}\Big(-\min\sum_{SN_j\in I_{SN}}(\alpha\widehat{f^c_{SN_j}}+\widehat{u^c_{SN_j}}\widehat{x^c_j}+\beta\widehat{f^e_{SN_j}}+\widehat{u^e_{SN_j}}\widehat{x^e_j})+$$

$$(\alpha^*(\widehat{f^c_{SN_i}}-f^c_{SN_i})+\widehat{x^c_i}{}^*(\widehat{u^c_{SN_i}}-u^c_{SN_i}))+$$

$$(\beta^*(\widehat{f^e_{SN_i}}-f^e_{SN_i})+\widehat{x^e_i}{}^*(\widehat{u^e_{SN_i}}-u^e_{SN_i}))\Big).$$

由于第一部分会影响全局的最优资源分配结果，所以，资源分配中心会限制单个 SN 对其固定成本和单位价格的误报。如发现误报的 SN 扰乱市场价格机制，会将其从交易市场中剔除。所以，对于固定成本和单位价格来说，真实的取值是占优策略。

其次证明每个 SN_i 报真实的容量时，是最优策略。当 SN_i 误报自己的容量时，$P_i=R_i\{(x^c_i{}^*\geqslant\overline{x^c_i})or(x^e_i{}^*\geqslant\overline{x^e_i})\}$。

因为 $R_i>0$，所以，$P_i>0$；

$$\arg\max_{\widehat{\theta}_i\in\Theta_i}(U_i(\widehat{\theta}_i),x)=\arg\max_{\widehat{\theta}_i\in\Theta_i}(R_i-C_i(x,\widehat{\theta}_i)-P_i)<\arg\max_{\theta_i\in\Theta_i}(R_i-C_i(x,\widehat{\theta}_i)).$$

所以，每个 SN_i 报真实的容量是最优策略。

综上所述，当对于每个 SN_i，SN Agent 真实地上报自己的固定成本、单位成本以及容量的策略，是每个交易者的占优策略。证毕。

定理2：每个参与者是个人理性的（individual rational）

证明：

要证明每个参与者是个人理性的，需要证明参与者的效用函数一直取非负值。因为每个 SN_i 上报自己真实的情况，所以，效用函数为

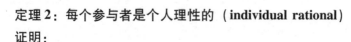

$$\arg\max_{\widehat{\theta_i} \in \Theta_i} \left(\left[\min_x \sum_{y\$_{SN_j} \le cp\$_{SN_j}, y\$_{SN_j} \le cp\$_{SN_j}, SN_j \in I_{SN}\setminus i} (\alpha\widehat{f^c_{SN_j}} + \widehat{u^c_{SN_j}}x^c_j + \beta\widehat{f^e_{SN_j}} + \widehat{u^e_{SN_j}}x^e_j) \right] - \right.$$

$$\left. \left[\sum_{SN_j \in I_{SN}, -i} (\alpha^*\widehat{f^c_{SN_j}} + \widehat{u^c_{SN_j}}\widehat{x^c_j}^* + \beta\widehat{f^e_{SN_j}} + \widehat{u^e_{SN_j}}\widehat{x^e_j}^*) \right] \right)。$$

又因为 $\left[\sum\limits_{SN_j \in I_{SN}, -i} (\alpha^*\widehat{f^c_{SN_j}} + \widehat{u^c_{SN_j}}\widehat{x^c_j}^* + \beta\widehat{f^e_{SN_j}} + \widehat{u^e_{SN_j}}\widehat{x^e_j}^*) \right]$ 的参与者的个数

比 $\left[\min\limits_x \sum\limits_{y\$_{SN_j} \le cp\$_{SN_j}, y\$_{SN_j} \le cp\$_{SN_j}, SN_j \in I_{SN}\setminus i} (\alpha\widehat{f^c_{SN_j}} + \widehat{u^c_{SN_j}}x^c_j + \beta\widehat{f^e_{SN_j}} + \widehat{u^e_{SN_j}}x^e_j) \right]$ 的参与者的个

数多一个 SN_i，所以，前者的花费比后者的大，并且后者的取值还要在总花费中减去 SN_i 的花费，所以，效用函数一定取非负值。所以，机制是个体理性的。证毕。

定理3：证明机制的分配效率是较高的

证明：

其一，式（6-2）给出的获胜者确定的优化问题，其优化目标就是社会剩余最大化，从而实现系统利润最大化。能够产生比传统资源分配策略更大的交易量，从而提高了网络资源利用率。

其二，SN 真实的上报自己的价格，这样 VN 会按照用户的需求，真实地向 SN 申请资源。如果 SN 提高自己的价格，VN 必将提高服务价格，从而导致用户的使用需求降低，导致市场处于资源过剩状态。

所以，本研究提出的资源分配机制，有助于提高 SN 资源的使用效率。因此本研究的资源分配机制的分配效率是较高的。证毕。

6.4 VN 的需求量策略选择

VN 对资源的需求量大小与其终端用户对资源的需求量相关。VN 会出于赢利的目的，将 SN 资源和其他 VN 对底层资源的需求统一考虑，最后确定自己利益最大化的资源需求量。

由于 Q-learning 作为一种无模型的、无监督的在线强化学习算法[19]，被成功应用到无线资源的管理中[20]。下文将 Q 学习理论应用到求解 VN 最优

请求问题。在仿真部分，将对该算法进行验证。

6.4.1　Q-learning 理论要素确定

使用 Q-learning 理论求解 VN 最优请求问题，需要先确定 Q-learning 理论的几个要素，包括：状态空间的选择、动作集合的确定、回报函数的设计、搜索策略的选择等。其次要确定动作选择的性能评价指标。下文将对其进行详细描述。

（1）状态空间的选择

将提出资源请求的 VN 作为状态空间。令状态变量 $s_i = VN_j$，$j = 1$，2，$\cdots$，M，j 为提出资源请求的 VN 的序号，那么 $S = \{VN_1, VN_2, \cdots, VN_M\}$。所以，当分配资源时，算法通过状态转移就可以不重复地为每个 VN 分配资源，并且遍历所有的状态，当遍历完所以状态，算法就结束。

（2）动作集合的确定

资源分配问题的动作设定为当前 VN 请求的资源数量。由于每个 VN 的用户数量和每个用户请求的服务规模都随着时间，有一定的规律性，可以使用预测算法进行求解。例如，使用一次指数平滑法计算[21]。计算出当前 VN 请求的资源数量 req 后，以初始值 $star$ 开始，以步长为 $step$，将 $star$ 与 req 相加，求出包括 y 个动作的当前 VN 的动作集合 $A = \{a_1, a_2, \cdots, a_y\}$。例如，$req = 100$，$star = -6$，$step = 2$，则，当前 VN 的动作集合为 $\{94, 96, 98, 100, 102\}$。

（3）激励函数设计

本研究的目标是求解 VN 的最优资源请求数量，实现 VN 的效用最大化。所以，本研究将 VN 使用当前资源请求策略获得的效用值，定义为 VN 从每个完成的拍卖阶段获得的立即奖励 R。激励函数定义为式（6-15），其中 $R(s,a)$ 表示在当前状态 s 下，执行动作 a 时获得的立即回报，由于本研究将 VN 获得的效用作为评价 Q 学习算法性能的指标，所以，VN 获得的效用值越大，表明 Q-learning 算法的效果越好。

$$R(s,a) = \psi(s,a) \text{。} \tag{6-15}$$

（4）搜索策略

搜索策略是探索未知的动作和利用已知的最优动作[19,22]。本研究使用 ε - 贪婪算法（ε-greedy），在当前状态 s 下，以概率 ε 随机选择动作 a，以 $1 - \varepsilon$ 概率选择具有最大 Q 值的动作，即

$$a = \arg\max_a Q(s,a), \tag{6-16}$$

$$Q(s,a) = R(s,a) + \gamma \max_{b \in A_{s_{next}}} Q(s_{next}, b)。 \tag{6-17}$$

其中，$Q(s,a)$ 表示在当前状态 s 和执行当前动作 a 的环境下，VN 可以得到的期望回报的估计值。$s_{next} \in S$ 是在当前状态 s 执行动作 a 时，系统转换到的下一个状态。γ 被定义为折扣因子，取值为 $0 \leq \gamma \leq 1$，表示将来的回报折算成当前回报的系数。γ 取值越大，表示将来的回报对当前的 Q 值影响越大。$A_{s_{next}}$ 为状态 s_{next} 时，可以采取的动作集合。从式（6-17）可知，当前 Q 值包括当前状态下执行当前动作得到的立即回报，加上执行后续状态时 Q 的 γ 折扣值。

因此，Q-learning 是通过不断的迭代，学习得到最优的状态动作对 $Q(s, a)$，通过计算 Q 值对累积回报的估计值来寻找最优化的策略。

6.4.2 基于 Q-learning 的 VN 需求量策略选择算法

基于 Q-learning 的 VN 请求资源数量策略选择算法的步骤如下：

1）随机初始化 Q 值矩阵 $Q = [Q(s,a)]_{M \times Y}$。随机选择状态作为环境的初始状态；

2）对每一次资源分配，重复执行下面的过程，直到满足结束条件。

①查找 Q 矩阵中具有 Q 值最大的状态作为当前的激活状态 s，即 $s = \arg\max_{s \in S, a \in A} [Q(s,a)]_{M \times Y}$；

②基于当前的状态 $s = VN_j$，根据 ε-greedy 算法，选择对应当前状态的动作 a_n；

③对于状态 VN_j，执行动作 a_n，并将结果带入式（6-15），计算执行动作 a_n 的收益，

④使用式（6-17）更新当前状态 s 下采取动作 a 的 Q 值 $Q(s,a)$，并将 Q 矩阵中行号为 i 或者列号为 j 的 Q 值进行标记，其余的 Q 值不进行更新；

⑤选择 Q 矩阵中除已经标记的 Q 值外的，具有最大 Q 值的状态作为当前的激活状态 s'；

⑥返回到②重新执行，直到所有的状态都执行完毕。

6.5　仿真

6.5.1　环境

本研究使用 MATLAB 环境进行仿真。仿真中包括 10 个 SN 作为资源供给者，10 个 VN 作为资源需求者。SN 的固定启动成本 $f^c_{SN_i}$ 和 $f^e_{SN_i}$ 都服从均匀分布（25，50），资源单位成本 $u^c_{SN_i}$ 和 $u^e_{SN_i}$ 都服从均匀分布（1.5，2.5），资源的最大供给量 $cp^c_{SN_i}$ 和 $cp^e_{SN_i}$ 都服从均匀分布（25，50）。设定 VN 请求的计算资源容量与链路资源容量数量相同，VN 的资源需求量从初始 600，步长 50 递增，直到卖者的总供给量，随机分布到所有的买者当中。

仿真实验包括两部分：①验证基于 Q-learning 的 VN 的需求量策略选择算法的优劣；②验证本研究提出的 QoS 驱动的资源分配机制的有效性。实验结果都是重复执行 50 次的平均结果。

6.5.2　评价指标

（1）SN 的总效用

SN 的总效用定义为所有 SN 的效用值之和。

$$U_{SN} = \sum_{i=1}^{N} U_i(x_i, R_i, \theta_i)。 \tag{6-18}$$

（2）SN 的资源平均利用率

SN 的资源平均利用率定义为被使用的 SN 资源数量除以总的 SN 资源数量。

$$R_{SN} = \frac{y^c_{SN_i} + y^e_{SN_i}}{cp^c_{SN_i} + cp^e_{SN_i}}。 \tag{6-19}$$

（3）所有 VN 的总效用

所有 VN 的总效用定义为所有 VN 的效用之和。

$$\psi_{VN} = \sum_{j=1}^{M} \psi_{VN_j}。 \tag{6-20}$$

（4）所有 VN 的总支付

所有 VN 的总支付定义为所有 VN 的支付之和。

$$\tau_{VN} = \sum_{j=1}^{M} \tau_j。 \tag{6-21}$$

6.5.3 验证基于 Q-learning 的 VN 需求量策略选择算法的优劣

本部分实验包括 3 个部分：①通过性能分析，选取合适的 γ、ε 取值；②验证基于 Q-learning 的 VN 的需求量策略选择算法的收敛速度；③将本研究提出的 VN 资源请求策略与已经存在的两种请求策略从 VN 的总效用和总支付两个方面，验证本研究提出的策略选择算法。实验中动作集合的动作包括 5 个动作，使用 4.1 节的产生动作的方法生成。

（1）选取合适的 γ、ε 取值

因为本研究的基于 Q-learning 的 VN 需求量策略选择算法的效率与 γ、ε 取值关系密切，通过仿真实验获得了 γ 在（0.1，0.9）范围、ε 在（0.1，0.9）范围取值时，所有 VN 获得最优请求策略时的平均迭代次数。从表 6-1 可知，当 γ 取值 0.1，ε 取值 0.9 时，VN 获得最优请求策略时的平均迭代次数最少。所以，在后面的实验中，本研究设置 γ 取值 0.1，ε 取值 0.9。

表 6-1　γ、ε 取不同值时，VN 获得最优请求策略时的平均迭代次数

γ	ε								
	0.1	0.2	0.3	0.4	0.5	0.6	0.7	0.8	0.9
0.1	4549	2851	2125	1864	1717	1573	1467	1359	1274
0.2	4730	2940	2333	1950	1774	1621	1531	1402	1322
0.3	5792	3027	2396	2053	1877	1617	1577	1451	1356
0.4	6290	3646	2586	2092	1956	1812	1727	1520	1373
0.5	7519	3867	2973	2628	2136	1864	1770	1637	1452
0.6	8066	5013	3603	2961	2671	2310	2003	1977	1690
0.7	10832	6343	4121	3596	3016	2543	2541	2167	1862
0.8	15507	8528	5817	4528	3867	3239	3096	2633	2626
0.9	31947	16207	10663	8100	6621	5450	4622	4208	3823

（2）最优动作的选择过程

为了验证基于 Q-learning 的 VN 的需求量策略选择算法的收敛速度，随机选择两个 VN（称为 VN1，VN2）在不同的迭代次数下，采取动作集合中不同动作 {100，102，104，106，108}、{90，92，94，96，98} 的概率。VN1 和 VN2 选择最优动作的过程如图 6-3、图 6-4 所示。

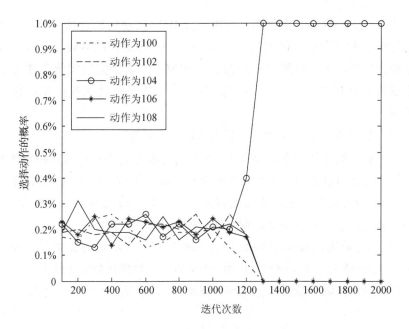

图 6-3　VN1 最优动作的选择过程

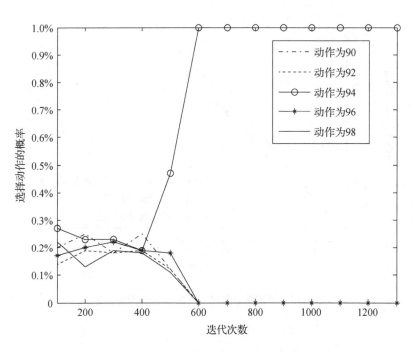

图 6-4　VN2 最优动作的选择过程

从图 6-3、图 6-4 中可知,算法通过 1000 次左右的迭代,VN1 和 VN2 都能得到趋于稳定的最优的策略。另外,VN1 的迭代次数较多。因为 VN1 的立即回报比较大,导致 Q 值的改变量比较大。本研究的收敛条件为 Q 值的改变量小于 10^{-4} 时,才停止迭代。所以,VN1 的迭代次数比 VN2 的迭代次数多。

(3)验证本研究算法得到的请求策略的有效性

为了验证通过使用本研究算法 VN 获得请求策略的有效性,将本研究提出的算法与已有静态策略和动态策略进行比较:①直接使用预测的结果作为 VN 请求的资源数量,模拟静态的资源请求策略;②在预测结果的基础上,加一个随机数字,模拟动态的资源请求策略。

VN 的总效用比较如图 6-5 所示。图中 x 轴表示资源需求量递增,从 600 开始;y 轴表示 VN 的总效用值。VN 的总支付值比较如图 6-6 所示。图中 x 轴表示资源需求量递增,从 600 开始;y 轴表示 VN 的总支付值。

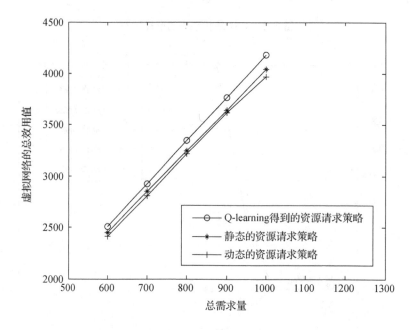

图 6-5 不同请求策略下 VN 的总效用的比较

从图 6-5 和图 6-6 可知，本研究算法得到的请求策略可以保证 VN 的总效用值高于静态和动态策略下的总效用值。本研究算法得到的请求策略可以保证 VN 的总支付值低于静态和动态策略下的总支付值。

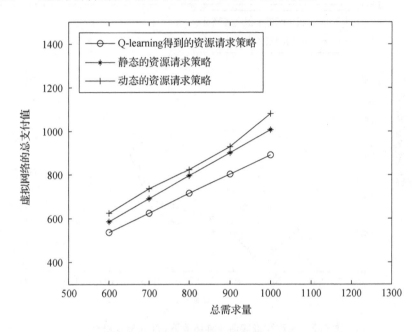

图 6-6　不同请求策略下 VN 的总支付的比较

6.5.4　验证 QoS 驱动的资源分配机制的有效性

QoS 驱动的资源分配机制的有效性，通过验证 SN Agent 在说谎和说实话两种环境下，SN 市场总效用的变化情况。从 10 个 SN 中随机选择 h 个 SN 夸大自己的资源容量 t 个，实现 SN 说谎。其中，$1 \leqslant h \leqslant 3$，$1 \leqslant t \leqslant 10$。

（1）说谎和说实话两种环境下 SN 的总效用比较

说谎和说实话两种环境下 SN 的总效用比较如图 6-7 所示。图中 x 轴表示资源需求量递增，从 600 开始；y 轴表示 SN 获得的总效用值。

从图 6-7 可知，在总需求量变化时，当 SN 说谎，SN 的总效用值都低于 SN 上报真实容量时的总效用值。所以，在多个网络环境下，本研究提出的机制都能保证说真话得到更多的 SN 的总效用。但是，在个别环境下，说谎话还是能得到较大的 SN 的总效用。由于说谎话只有当 SN 虚报的容量不能满足给他分配的资源请求时，资源分配中心会对其进行惩罚。

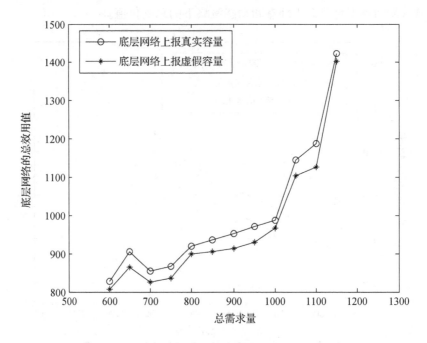

图 6-7　说谎和说实话两种环境下 SN 的总效用比较

（2）说谎和说实话两种环境下 SN 的平均利用率

说谎和说实话两种环境下 SN 的平均利用率比较如图 6-8 所示。图中 x 轴表示资源需求量递增，从 600 开始；y 轴表示 SN 的平均利用率。

从图 6-8 可知，在总需求量变化时，当 SN 说谎时，SN 的平均利用率都低于 SN 上报真实容量时的平均利用率。所以，在多个网络环境下，本研究提出的机制都能保证说真话得到更多的 SN 的平均利用率。但是，在个别环境下，说谎话还是能得到较大的 SN 的平均利用率。由于说谎话只有当 SN 虚报的容量不能满足给他分配的资源请求时，资源分配中心会对其进行惩罚。由于本研究提出的机制提高了 SN 的资源利用率，所以，本研究的机制可以保证 SP 得到较好的容量保证。

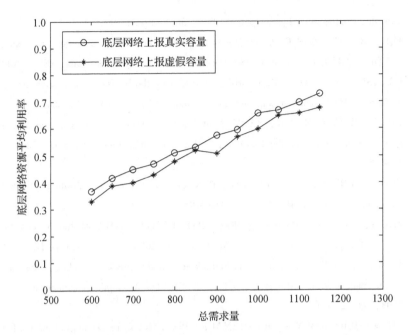

图 6-8　说谎和说实话两种环境下 SN 资源平均利用率比较

6.6　总结及下一步工作

为了适应网络虚拟化技术的商业化运行，满足 VN 对带宽容量、价格等 QoS 要素的要求，本研究对 QoS 驱动的 VN 资源问题进行了形式化的描述，提出了基于三方博弈的两阶段资源分配模型。基于这个资源分配模型，QoS 驱动的资源分配机制被提出。通过仿真实验，验证了本研究的资源分配机制的有效性，以及 Q-learning 可以使 VN 在拍卖中得到最优的竞价策略。

本研究主要着眼于带宽容量和费用两个方面的 QoS 约束的资源分配机制研究。为了进一步提高 VN 性能，考虑更多的 QoS 度量因素将显得更加重要。另外，可以根据应用的 QoS 需求及网络的运行时环境，动态调整各个功能层的 QoS 保障策略，以便更充分有效地利用网络资源，同时满足各种应用的不同 QoS 需求，也是一个研究重点和研究难点。

参考文献

[1] ANDERSON T, PETERSON L, SHENKER S, et al. Overcoming the Internet impasse

through virtualization [J]. Computer, 2005, 38 (4): 34 – 41.

[2] TURNER J, TAYLOR D. Proceedings of the IEEE Global Telecommunications Conference (GLOBECOM'05), November 28 – December 2, 2005 [C]. St. Louis: IEEE, 2005.

[3] FEAMSTER N, GAO L, REXFORD J. How to lease the Internet in your spare time [J]. ACM SIGCOMM computer communication review, 2007, 37 (1): 61 – 64.

[4] CHOWDHURY N M M K, RAHMAN M R, BOUTABA R. Network virtualization: the past, the present, and the future [J]. IEEE communications magazine, 2009 (7): 20 – 26.

[5] CHOWDHURY N M M K, BOUTABA R. A survey of network virtualization [J]. Elsevier computer networks, 2010, 54 (5): 862 – 876.

[6] ZHU Y, AMMAR M. Proceedings IEEE INFOCOM 2006. 25TH IEEE International Conference on Computer Communications, April 23 – 29, 2006 [C]. Barcelona: IEEE, 2006.

[7] YU M, YI Y, REXFORD J, et al. Rethinking virtual network embedding: substrate support for path splitting and migration [J]. ACM SIGCOMM computer communication review, 2008, 38 (2): 19 – 29.

[8] CHOWDHURY N M M K, RAHMAN M R, BOUTABA R. Proceedings of the IEEE International Conference on Computer Communications (IEEE INFOCOM), April 19 – 25, 2009 [C]. Rio de Janeiro: IEEE, 2009.

[9] CAI Z P, LIU F, XIAO N. Proceedings of the IEEE Telecommunications Conference (GLOBECOM), December 10, 2010 [C]. Miami: IEEE, 2011.

[10] MARQUEZAN C C, GRANVILLE L Z, NUNZI G, et al. Proceedings of the 2010 IEEE/IFIP Network Operations and Management Symposium (NOMS), April 19 – 23, 2010 [C]. Osaka: IEEE, 2010.

[11] ZAHEER F E, JIN X, BOUTABA R. Multi-provider service negotiation and contracting in network virtualization [J]. IEEE network operations and management symposium (NOMS), 2010: 471 – 478.

[12] XIA M, KOEHLER G J, WHINSTON A B. Pricing combinatorial auctions [J]. European journal of operational research, 2004 (154): 251 – 270.

[13] VICKREY W W. Counter speculation, auctions, and competitive sealed tenders [J]. Journal of finance, 1961, 16 (1): 8 – 36.

[14] MYERSON R. Optimal auction design [J]. Mathematics of operations research, 1981 (6): 58 – 73.

[15] 刘志新, 申妍燕, 关新平. 一种基于 VCG 拍卖的分布式网络资源分配机制 [J]. 电子学报, 2010, 38 (8): 1929 – 1934.

[16] BAE J, BEIGMAN E, BERRY R, et al. Sequential bandwidth and power auctions for

distributed spectrum sharing [J]. IEEE journal on selected areas in communication special issue on game theory in communication systems, 2008, 26 (7): 1193 – 1203.

[17] FU F W, KOZAT U C. Wireless Network Virtualization as A Sequential Auction Game in Proceedings IEEE INFOCOM, 2010 [C].

[18] HE J, SUCHARA M, BRESLER M. Rethinking Internet traffic management: from multiple decompositions to a practical protocol [C]. The 3rd International Conference on emerging Networking Experiments and Technologies (CoNEXT), 2007.

[19] WATKIN C, DAYAN P. Q-Learning [J]. Machine learning, 1992, 8 (3): 279 – 292.

[20] CHEN Y S, CHANG C J, REN F C. Q-Learning-based multirate transmission control scheme for RRM in multimedia WCDMA systems [J]. IEEE transactions on vehicular technology, 2004, 53 (1): 38 – 48.

[21] GARDNER J R E S. Exponential smoothing [J]. Journal of forecasting, 1985.

[22] SUTTON R S, BARTO S. Reinforcement learning [M]. Cambridge: MIT Press, 1998.

第7章　一种动态环境下收益最大化的虚拟网资源分配机制

为解决自私的 VNP 对底层网络资源的过度占用导致的底层网络资源浪费的问题，本研究提出了 SNP 和 VNP 之间建立收益最大化的虚拟网资源分配机制。为提高底层网络资源的利用率，使用动态定价来调节 VNP 对底层网络资源请求的数量，并使用随机鲁棒优化方法来求解动态价格。仿真实验结果表明本研究提出的分配机制可以使虚拟网资源分配实现纳什均衡，提高了底层网络资源利用率，增加了 VNP 和 SNP 的收益。

7.1　引言

网络虚拟化是解决网络僵化问题的重要方法[1-3]。在网络虚拟化环境下，原来的网络提供商（Network Provider，NP）被划分为底层网络提供商 SNP 和 VNP[1-2]。SNP 负责建设底层网络，VNP 租用 SNP 的 SN 资源，建设虚拟网络为终端用户提供各种专业服务，VN 需要通过共享 SN 的节点资源和链路资源实现通信。

为了保证 VN 正常运行，提高 SN 资源利用率，虚拟网资源分配是当前的研究热点[1]。当前研究的主要方法是根据虚拟网请求的资源数量为其分配资源[4-6]。参考文献［4］采用路径分割和迁移的方法，提高了虚拟网的映射成功率；参考文献［5］将虚拟网构建中的节点映射和链路映射综合考虑，采用混合整数规划的方法，提出确定型的虚拟网映射（D-ViNE）和随机型的虚拟网映射（R-ViNE）算法，参考文献［5］比参考文献［4］提高了资源利用率和映射成功率。为了进一步提高资源利用率，参考文献［6］提出了带迁移的同时考虑网络均衡的虚拟网构建方法，在接收率和平均链路利用率两个方面都优于参考文献［4］。但是目前的研究均没有考虑 VNP 自私的特点，这使得 VNP 在共享底层网络资源时，总是以最大化自己的利益作为出发点，谎报自己对底层网络资源的需求，导致某些自私的 VNP 对稀缺的底层网络资源过度占用，影响其他 VNP 的服务质量，降低了底层网络资源的利用率。

为解决以上问题，本研究使用经济学方法在 SNP 和 VNP 之间建立收益最大化的虚拟网资源分配机制。首先，通过利用动态定价来调节 VNP 对底层网络资源的请求数量，实现资源的公平分配。其次，在动态定价中，使用随机鲁棒优化方法求解动态价格，同时为了克服 SNP 面临的非结构化模型（不知道真实需求模型结构）的挑战，本研究使用相对熵来刻画模型的不确定问题。最后，通过仿真实验对本研究的资源分配机制进行了检验，实验结果表明本研究的虚拟网资源分配机制可以使虚拟网资源分配实现纳什均衡，提高底层网络的资源利用率，增加 VNP 和 SNP 的收益。

7.2　基于收益最大化的虚拟网资源分配机制

7.2.1　问题描述

网络虚拟化环境下，一个 VN 上会同时承载多个服务，每个服务运行都需要消耗一定的资源。为了保证各个服务的正常运行，VNP 需要向底层网络申请资源。VNP 申请的底层网络资源大致可分为带宽、CPU、内存等几种。其中，带宽是造成网络拥塞与延迟的最主要因素，而且最能反映用户的满意度。为减少计算的复杂性，本研究研究带宽资源的分配。另外，参考文献 [7-8] 研究表明，每个服务所需要的网络资源在很长时间段内是固定的，如至少在一天内固定。所以，本研究假设每个服务使用确定的 VN 资源。

假设 SN 上承载 m 个 VN，每个 VN 上承载 k 个服务。VNP 以一定的价格向 SNP 申请带宽资源。SNP 根据 SN 上资源的数量和被申请资源的数量，确定资源的价格和分配给每个 VN 的资源数量。SN 在 t 时刻的带宽容量表示为 C^t，在 t 时刻 VN_i 上 k 个服务请求的资源总数为 $q_i^t = q_{i,1}^t + q_{i,2}^t + , \cdots, + q_{i,k}^t$，其中 $q_{i,k}^t$ 表示第 k 个服务请求的资源数量，VN_i 在 t 时刻从 SN 得到的资源数量为 c_i^t。在 $t+1$ 时刻 VN_i 上 k 个服务请求的资源总数量 q_i^{t+1} 被定义为 $q_i^{t+1} = \max\{q_i^t - c_i^t, 0\} + a_i^{t+1}$，其中 a_i^{t+1} 表示 $(t+1)$ 时刻到达的请求资源的数量。

VN_i 在 t 时刻的效用函数 $u_i(c_i^t, q_i^t)$ 被定义为

$$u_i(c_i^t, q_i^t) = \begin{cases} q_i^t, & q_i^t \leqslant c_i^t \\ c_i^t, & c_i^t < q_i^t \end{cases}。 \tag{7-1}$$

SN 在 t 时刻的收益被定义为

$$R_{SN}^t = \sum_{i=1}^{m} p_i^t c_i^t。 \tag{7-2}$$

其中，p_i^t 表示 t 时刻 VN_i 申请带宽资源的单位价格。

本研究研究目标是

$$\max \sum_{i=1}^{m} p_i^t c_i^t ，约束条件为 \sum_{i=1}^{m} \max_{c_i^t} u_i(c_i^t, q_i^t)， \tag{7-3}$$

即如何在保证尽可能多的 VN 性能被满足时，提高 SNP 的收益。

7.2.2　虚拟网资源分配模型

为实现本研究提出的资源分配的目标，如式（7-3）所示，本研究提出的虚拟网资源分配模型如图 7-1 所示。SN 资源管理中心（SN Resource Management）包括资源分配（Resource Allocation）和定价机制（Pricing Mechanism）模块。定价机制模块根据 VN 申请的资源数量确定资源价格。资源分配模块对底层网络资源进行分配，并根据确定的价格从 VN 收取资源使用费。VN 资源管理中心（VN Resource Management）包括服务平面（Service Plane）和控制平面（Control Plane）。服务平面监控各项服务对资源的占用情况。控制平面包括收益管理（Revenue Management）和资源请求（Resource Request）两个模块。收益管理模块根据 VN 承载的服务对资源的使用情况，以最少花费为原则，计算出需要向底层网络请求的资源数量。资源请求模块负责向底层网络请求资源。

7.2.3　虚拟网资源分配机制

从图 7-1 可以看出，每个 VNP 都是自私的，为了实现本研究资源分配的目标，将 VCG 机制[9-10]引入到本研究提出的虚拟网资源分配模型中。在每个时间片内，为了满足 VN 上面承载的服务对资源的需求，VNP 向 SNP 提出资源（如带宽）请求的竞标。本研究中 VN_i 的提供商 VNP 对请求资源 $b_{i,j}^t$ 的估价表示为 $V_i(b_{i,j}^t)$，其中 $b_{i,j}^t \in b_i^t$ 表示 VNP 根据 VN_i 承载的服务请求的资源的数量向 SN 申请的资源数量。VN_i 支付的单位价格为 $p_i^t = V_i(b_{i,j}^t)/b_{i,j}^t$。SNP 对 SN 资源的分配策略是

$$b^t = \mathrm{argmax}_{b^t \in B} \sum V_i(b_{i,j}^t) \times u_i(b_{i,j}^t, q_i^t) \text{ ,subject to } \sum_{b_{i,j}^t \in b^t} b_{i,j}^t \leqslant C^t \text{。}$$

$$(7-4)$$

其中，$B = \{b_1^t, b_2^t, \cdots, b_m^t\}$。$\sum_{b_{i,j}^t \in b^t} b_{i,j}^t \leqslant C^t$ 表示 SNP 给所有 VN 分配的资源容量要小于 SN 资源的容量总和。

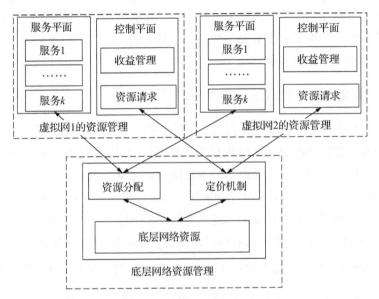

图 7-1　虚拟网资源分配模型

本研究将 VNP 为 VN_i 使用 SN 资源而支付的费用定义为

$$T_i^t = \sum_{i'=1, i' \neq i}^{m} V_{i'}(b_{i',j}^{t,*}) - \sum_{i'=1, i' \neq i}^{m} V_{i'}(b_{i',j,-i}^{t,*}) + \lambda_i W_i \text{。} \quad (7-5)$$

式（7-5）的含义：当 VN_i 未加入竞拍时，所有用户的最优估价和，减去 VN_i 加入竞拍后其他 VN 的最优估价和，再加上浪费资源的惩罚值 $\lambda_i W_i$。其中，λ_i 是 VN_i 的用户给其带来的单位收益。本研究将所有 VN 的单位收益定义为 $\lambda = 30$，W_i 是 VN_i 多申请的资源数量。$V_{i'}(b_{i',j,-i}^{t,*})$ 表示 VN_i 加入时，SN 的最优分配策略。$V_{i'}(b_{i',j}^{t,*})$ 表示无 VN_i 加入时 SN 的最优分配策略。VN_i 的收益 R_i 被定义为

$$R_i = \lambda_i u_i(c_i^t, q_i^t) - T_i^t \text{。} \quad (7-6)$$

在每个时间片中使用 VCG 机制，VNP 可以通过竞拍获得资源，实现本研究的资源利用率最大化目标。当每个 VNP 都近似获得自己真正需要的资

源，SN 的资源利用率得到提高，收益也可以实现最大化。但是，每个 VNP 的目标是最大化长期利润，即

$$\max_{V_i^t}\{\overline{u_i} - \overline{T_i}\}。 \tag{7-7}$$

其中，$\overline{u_i} = \lim_{T \to \infty} \frac{1}{T} \sum_{t=1}^{T} u_i^t$，$\overline{T_i} = \lim_{T \to \infty} \frac{1}{T} \sum_{t=1}^{T} T_i^t$。所以，虽然 VCG 机制在每个时间片内是有效的资源分配机制，能够获得最优策略集合，但是如何在动态环境中重复分配资源仍然是一个重要的问题。对于此问题，本研究将在下一小节进行深入研究。

7.2.4 重复资源分配的随机博弈

为了解决动态环境下重复资源分配的问题，首先要证明本研究的资源分配问题属于重复资源分配的随机博弈问题[11]。然后使用重复资源分配的随机博弈的相关理论去解决动态环境下虚拟网资源分配的问题。

命题 1：本研究的资源分配问题属于重复资源分配的随机博弈问题。

证明：本研究的资源分配问题具有以下 8 个特点：①有 M 个 VN 共享 1 个 SN 的资源；②每个 VN 都有随时间动态变化的资源请求数量 q_i^t；③每个 VN 都有随时间动态变化的资源估价 $V_i(b_{i,j}^t)$；④每个 VN 都有环境状态转移概率 $pr(q_i^{t+1} \mid q_i^t, c_i^t) = \prod_{k \in VN_i} pr(q_k^{t+1} \mid q_k^t, c_k^t)$，其中，$k$ 表示在 t 时刻 VN_i 上的第 k 个服务；⑤每个 VN 都有立即收益函数 $R_i = u_i(c_i^t, q_i^t) - T_i^t$；⑥SN 有资源的状态转移概率 $pr(C^{t+1} \mid C^t) = pr(C^{t+1})$；⑦SN 通过执行 VCG 机制，在每个时间片内实现资源分配 $(b^t, T^T) = VCG(V^t, C^t)$；⑧整个网络环境的状态转移为 $s^t = \{q^t, C^t\}$，其中，$q^t = \{q_1^t, \cdots, q_m^t\}$ 表示 m 个 VN 的服务队列长度。

综上所述，本研究的资源分配满足重复资源分配随机博弈的 8 个必要条件，所以本研究的资源分配属于重复资源分配的随机博弈。证毕。

由于本研究的资源分配问题属于重复资源分配的随机博弈，所以每个时间片的资源分配是根据 VN 和 SN 的状态，重复使用 VCG 机制进行资源分配。可以将随机博弈划分为当前资源分配（Current Resource Allocation，CurRA）博弈和未来资源分配（Future Resource Allocation，FutRA）博弈两部分（图 7-2）。其中，$o_i^t = (c_i^t, T_i^t)$，$o_{-i}^t = (o_1^t, \cdots, o_i^t, o_{i+1}^t, \cdots, o_m^t)$，$q_{-i}^t = (q_1^t, \cdots, q_i^t, q_{i+1}^t, \cdots, q_m^t)$，$V_{-i}^t = (V_1^t, \cdots, V_i^t, V_{i+1}^t, \cdots, V_m^t)$。$o^t$ 是 CurRA 和 FutRA 的关联

信息，CurRA 的输出 o^t 影响 FutRA 的初始状态。

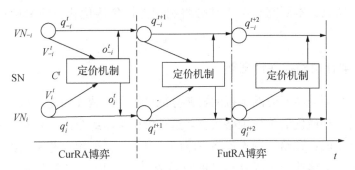

图 7-2　资源分配博弈的信息结构

从图 7-2 可知，VN_i 对于 s，b_i^* 采用的策略为

$$V_i(s, V_{-i}, b_i^*) = \text{argmax}_{V_i \in V_i} \alpha(u_i^t - T_i^t) + (1-\alpha)\sum_{t'=t}^{\infty} R_i(s^{t'}, b_i^{t',*}).$$

$$(7-8)$$

式（7-8）的前部分表示 VN 当前的收益，后半部分表示 VN_i 将来的收益。s 表示网络状态，即 $s = (q_i^t, c_i^t)$，$s^{t'}$ 是 t' 时刻的网络状态集合，b_i^* 是未来的纳什均衡策略集合。但是由于 VN_i 不可能知道全局信息，所以不可能知道 $s^{t'}$，b_i^*。相反，SN 知道所有的 VN 的历史数据[12]，可以预测出未来的情况。

在参考文献［11］中，为了解决未来网络状态和未来最优策略不能计算的问题，求解无线网络环境下的预测价格 p 被用于代替求解不可知变量。所以本研究也使用求解预测价格 p 的方法来代替求解 $s^{t'}$、b_i^* 等不可知变量，即

$$V_i(s, V_{-i}, p) = \text{argmax}_{V_i \in V_i} \alpha(u_i - T_i) + (1-\alpha)pr(q'_i \mid q_i, c_i)U^\beta(q'_i, p).$$

$$(7-9)$$

其中，p 为 SN 计算的预测价格，$U^\beta(q'_i, p)$ 是式（7-10）的解。

$$U^\beta(q'_i, p) = \max_{c_i}\{(1-\beta)(u_i(q_i, c_i) - pc_i) +$$
$$\beta\sum_{q'_i} pr(q'_i \mid q_i, c_i)U^\beta(q'_i, p)\}.$$
$$(7-10)$$

但是，在参考文献［11］中，SN 计算预测价格 p 存在两个问题：①预测价格的计算复杂度是 $o(k^4)$，其中 k 是购买者的个数，计算复杂度很高；②参考文献［11］中使用结构化的模型（知道需求模型）不符合现实情况。

因为现实中，SN 往往面临的是非结构化模型（不知道真实需求模型的结构）[12]。所以，本研究在第 3 部分将利用随机鲁棒优化方法来解决这两个难题。

7.2.5　纳什均衡存在性证明

下面将证明本研究的虚拟网资源分配机制存在纳什均衡。本研究中，纳什均衡是一种最优的价格策略组合。这种价格策略组合由所有参与人的最优价格策略组成：在给定别人价格策略的情况下，任何用户都无法通过单方面的自身价格策略改变来提高自己的收益值[13]。下面将使用定理 1 说明本研究的资源分配机制存在纳什均衡解。

定理 1：本研究的解决重复资源分配的随机博弈问题的资源分配机制存在纳什均衡解。

证明：由参考文献［11］可知，在参与者对于效用为 1 的资源分配模型中，如果有一方掌握完全信息，则在掌握完全信息参与者的主导下，模型存在唯一的纳什均衡解。

在本文研究的 SNP 和任意 VNP 之间资源分配机制中，SNP 知道 VNP 真实的资源需求数量，所以本文研究的资源分配机制是在 SNP 掌握完全信息的模式下进行，存在唯一的纳什均衡解。

7.3　求解动态环境下的预测价格

由于 SN 往往拥有一些历史数据，可以通过统计得到一个随机需求模型，但这个模型只是一个参考模型，实际的需求往往会偏离这个模型。所以，SN 在定价时既要充分利用现有的参考模型，又要考虑到实际需求模型的不确定性，从而使制定的决策更符合实际情况。本研究使用随机鲁棒优化方法[14]，研究一个模型集合中最差情况下使目标值最好的决策。

本节首先说明如何解决非结构化模型的问题，之后描述使用随机鲁棒优化方法求解预测价格的方法。

7.3.1　非结构化模型问题

假设根据历史数据统计得到的随机需求的概率密度为 f，用围绕在这个近似分布周围的模型集合 Q 来表示可能的模型范围。为了表述模型的不确定性，本研究使用相对熵对其进行描述。相对熵是表示两个概率密度间距离的一种测度[15]。定义概率密度 $q \in Q$ 关于概率密度 f 的相对熵为

$$R(q \mid f) = E_q \ln(q / f) 。 \tag{7-11}$$

7.3.2　预测价格的计算方法

参考文献［16］中描述了两种需求函数，本研究利用乘法形式的需求函数来刻画需求，即

$$D(p) = d(p)\varepsilon 。 \tag{7-12}$$

其中，$d(p)$ 是价格反应函数。

SNP 根据历史数据可以统计得到价格反应函数和 ε 的概率密度函数 f，并且假定 f 是 ε 的连续函数。所以，式（7-11）可以表示为 $R(q \mid f) = \int q(\varepsilon) \ln(q(\varepsilon) / f(\varepsilon)) d\varepsilon$。$d(p)$ 为线性价格反应函数 $d(p) = a - bp$，a、b 值根据历史观测到的结果确定。ε 服从均值为 1 的指数分布 $f(\varepsilon) = e^{-\varepsilon}$。这种建模方法将不确定因素都归为随机变量，而该随机变量的真实分布是很难确定的，因此模型不确定就主要体现在随机变量的分布不确定上。

假设给定价格 p，则 t 时刻 SNP 在概率密度 q 下的期望收益 $J(p, q)$ 为

$$J(p, q) = E_q p \min\{C^t, d(p)\varepsilon\} , \tag{7-13}$$

并有以下期望收益的鲁棒对应：

$$\min_q J(p, q) ，约束条件为 q \in Q ，R(q \mid f) \leqslant \gamma 。 \tag{7-14}$$

这就是说，给定价格 p，本研究总是从由相对熵约束构成的凸集中选择使期望收益最差的概率密度 q。利用拉格朗日方法将（7-14）转化为无约束极值问题。令 $\theta \geqslant 0$ 为相对熵约束的拉格朗日乘子，定义拉格朗日函数为

$$L(q, \theta) = J(p, q) + \theta[R(q \mid f) - \gamma] 。 \tag{7-15}$$

所以，SNP 的鲁棒定价问题可以构造成为

$$J_\theta = \max_p \min_q \{E_q p \min\{C^t, d(p)\varepsilon\} + \theta R(q \mid f)\} 。 \tag{7-16}$$

根据参考文献［17］可知，给定 $\theta \geqslant 0$，式（7-16）等价于以下求最小值的问题：

$$F_\theta = \min_p E_f \exp(-\min(C^t, d(p)\varepsilon) / \theta) , \tag{7-17}$$

并且有 $J_\theta = -\theta \ln F_\theta$。

通过以上分析我们可以看出，式（7-17）相当于效用函数为如下指数函数的风险规避型决策问题[18]：

$$U_\theta(x) = -\exp(-\theta x), \theta > 0 \text{。} \tag{7-18}$$

其中，θ 是风险规避系数。此类效用函数下的决策者对所有支付 x 均具有一个固定的绝对风险规避系数 $\theta(x) = \theta$。所以，SNP 的定价问题变成了一个非线性优化问题，其解可以通过一阶条件得到。

7.4 实验

本节首先对本研究的定价机制进行检验，之后比较了本研究的虚拟网资源分配机制与传统的资源分配机制的性能。实验中，假设 6 个 VN 共享一条底层网络链路资源，带宽资源容量为 $C^l = 100$ Mbps。

7.4.1 θ 对最优价格决策的影响

假定 SNP 根据历史数据统计得到的参考模型中，$a = 100$，$b = 3$，数值计算得到的实际需求的最优价格为 32，θ 对 SNP 制定最优价格的影响如图 7-3 所示。

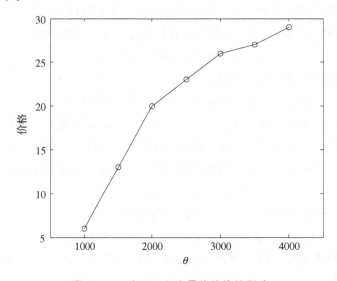

图 7-3 θ 对 SNP 制定最优价格的影响

从图 7-3 可以看出，随着 θ 的增大，最优价格是递增的。并且当 θ 较小时，随着 θ 的增大，最优价格增长很快。当 θ 增加到 20 时，最优价格随着 θ 的增加变慢，并逐渐趋向于实际需求的最优价格。所以，在应用鲁棒模型设

定 θ 值时，可以先计算出不同 θ 下的最优价格，进行比较后再做最后的决策。

7.4.2　迭代次数对 VNP 求解最优估值的影响

下面检验在重复资源分配的随机博弈环境下，本研究的资源分配机制对每个 VNP 竞价行为的指导作用。假设 VN1 的策略集为 $b_1^i = \{12,\ 13,\ 18,\ 21,\ 23,\ 26\}$，其中，21 是 VN1 的真实竞价策略值。图 7-4 中 x 轴表示式（7-9）中的迭代次数的变化范围（0，30），其中，迭代次数即每个参与者模拟预测的步长数。y 轴表示使用当前策略的概率。

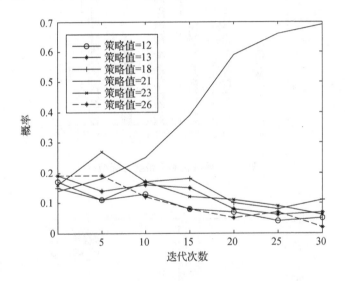

图 7-4　VNP 制定最优策略与迭代次数的关系

由仿真结果可见，初始迭代阶段，VN1 在 6 个竞价策略中随机地选择，每个策略的概率值比较接近。随着迭代次数的增加，VN1 选择占优策略的概率不断增大。当迭代次数达到 25 左右时，VN1 选择占优策略 21 的概率已经接近 0.7。仿真结果很好地验证了该算法能够指导 VN1 通过不断学习选择出占优策略，使系统收敛到稳定的纳什均衡解。

7.4.3　虚拟网资源分配机制的比较

下面对本研究提出的虚拟网资源分配机制（简称"机制 1"）与传统的

资源分配机制（简称"机制2"）的性能进行比较。假设式（7-4）中6个用户的真实策略值 $V_i(b_{i,j}^t)$ 分别为12、18、15、20、13、27。评估的性能分别为两种机制下每个用户获得的带宽分配结果（图7-5）、支付结果（图7-6）和收益结果（图7-7）。

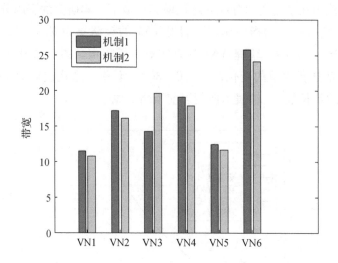

图7-5　两种机制下带宽分配结果

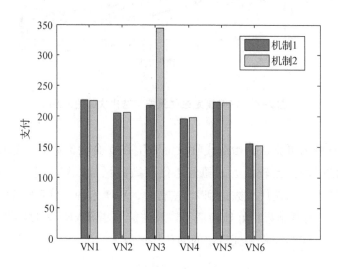

图7-6　两种机制下 VN 的支付结果

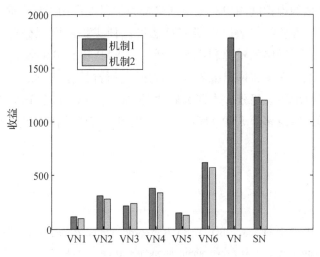

图 7-7   两种机制下的收益结果

①机制 1：由于本研究的机制可以使 6 个用户计算得到自己真实的竞价策略，所以在机制 1 下，6 个用户都使用自己的真实竞价策略进行竞标。

②机制 2：传统机制中，自私的用户会通过夸大价格策略，扩大自己对底层网络资源的占有量。实验中 VN3 夸大自己的竞价策略值为 22，其他 5 个用户使用真实策略竞价。

从图 7-5 中可以看出，VN3 虚报价格后，其得到的带宽资源数量增加并且超过了其实际需求，导致底层网络资源的浪费。同时，其他虚拟网得到的带宽减少，影响了这些虚拟网的性能。从图 7-6 中可以看出，当 VN3 虚报价格后，虽然得到了更多的带宽资源，但是其支付在增加，同时，其他虚拟网支付的价格也在增加。从图 7-7 可以看出，VN3 虚报价格后，6 个虚拟网的收益都在减少，SN 的收益也在减少。

所以，本研究所提出的虚拟网资源分配机制使用支付值来惩罚说谎的 VNP，使其没有动机说谎，从而避免由 VNP 的说谎行为导致的网络资源的不合理分配情况，这也反映出了传统的资源分配机制中存在的不足。

7.5   总结和下一步工作

本研究使用经济学方法在 SNP 和 VNP 之间建立收益最大化的虚拟网资源分配机制，利用动态定价来调节虚拟网对底层网络资源的请求数量，有效地解决了自私的虚拟网用户对底层网络资源的过度占用，导致底层网络资源浪费的问题。实验结果表明本研究算法可以使虚拟网资源分配实现纳什均衡，提高了底层网络的资源利用率，增加了 VNP 和 SNP 的收益。

下一步工作考虑将网络抽象为带宽瓶颈进行讨论。例如，使用非合作博弈的理论进行解决。另外，本研究解决的是一个 SNP 和多个 VNP 之间的资源分配问题，解决多个 SNP 和多个 VNP 之间的资源分配问题也是一个重要的研究内容。

参考文献

［1］ CHOWDHURY N M M K, BOUTABA R. Network virtualization：state of the art and research challenges ［J］. IEEE communications magazine, 2009, 47 (7)：20 - 26.

［2］ FEAMSTER N, GAO L, REXFORD J. How to lease the Internet in your spare time ［J］. SIGCOMM computer communication review, 2007, 37 (1)：61 - 64.

［3］ 王浩学，汪斌强，于婧，等. 一体化承载网络体系架构研究 ［J］.计算机学报，2009, 32 (3)：371 - 376.

［4］ YU M, YI Y, REXFORD J, et al. Rethinking virtual network embedding：substrate support for path splitting and migration ［C］. ACM SIGCOMM CCR, 2008, 38 (2)：17 - 29.

［5］ CHOWDHURY N M M K, RAHMAN M R, BOUTABA R. Proceedings of the IEEE International Conference on Computer Communications (IEEE INFOCOM), April 19 - 25, 2009 ［C］. Rio de Janeiro：IEEE, 2009.

［6］ 齐宁，汪斌强，郭佳. 逻辑承载网构建方法的研究 ［J］.计算机学报，2010, 33 (9)：1533 - 1540.

［7］ PAXON V. End-to-end routing behavior in the Internet ［J］. IEEE/ACM transaction on network, 1997, 5 (5)：601 - 605.

［8］ ZHANG Y, PAXSON V, SHENKER S. The stationarity of Internet path properties：Routing, loss, and throughput ［J］. ACIRI technical report, 2000 (5)：1 - 4.

［9］ 史武超，吴振强，刘海. 一种基于 VCG 机制的差分式隐私服务定价机制 ［J］.计算机技术与发展，2017, 27 (6)：119 - 123.

［10］ 刘志新，申妍燕，关新平. 一种基于 VCG 拍卖的分布式网络资源分配机制 ［J］.电子学报，2010, 38 (8)：1929 - 1934.

［11］ FU F W, KOZAT U C. Wireless network virtualization as a sequential auction game ［C］//IEEE INFOCOM, San Diego, 2010：1 - 9.

[12] AT&T Managed Internet Service (MIS) [EB/OL]. [2015 – 01 – 01]. http: //new. serviceguide. att. com/mis. htm, 2009.

[13] RUBINSTEIN A. Perfect equilibrium in a bargaining model [J]. Econometrica, 1982, 50 (1): 97 – 109.

[14] BEN-TAL A, NEMIROVSKI A. Robust optimization-methodology and applications [J]. Mathematical programming, 2002, 92 (3): 453 – 480.

[15] HAUSSLER D. A general minimax result for relative entropy [J]. IEEE transactions on information theory, 2002, 43 (4): 1276 – 1280.

[16] TALLURI K T, RYZIN G J V. The theory and practice of revenue management [M]. Boston: Kluwer Academic Publishers, 2004.

[17] LI G D, XIONG Y, XIONG Z K. Robust dynamic pricing over infinite horizon in the presence of model uncertainty [J]. Asia-Pacific journal of operational research (AP-JOR), 2009, 26 (6): 779 – 804.

[18] FENG Y, XIAO B. A risk-sensitive model for managing perishable products [J]. Operations research, 2008, 56 (5): 1305 – 1311.

第8章 基于网络特征和关联关系的可靠虚拟网映射算法

为解决可靠虚拟网映射中存在的网络参数关联关系分析不足、未充分利用网络拓扑和历史映射数据的问题，本研究梳理了与可靠虚拟网映射相关的网络特性，基于历史数据建立了底层节点可靠性矩阵和推理模型，提出了优先映射虚拟节点的二阶段映射算法 NFA-TS、基于层级关系的虚拟网映射算法 NFA-LR。实验结果表明，相比于算法 SVNE 和 VNE-SSM，本研究算法在虚拟网映射成功率和底层网络资源利用率等方面取得了较好的效果。

8.1 引言

近年来，网络虚拟化已成为解决网络僵化问题的关键技术[1-2]。在网络虚拟化环境下，传统的物理网络被划分为底层网络和虚拟网络。多个异构的虚拟网络可以同时映射到一个底层网络上，为最终用户提供丰富的多样性服务。虚拟网络的资源分配已成为网络虚拟化的一个关键研究热点[3-13]。参考文献 [3] 通过采用贪婪算法实现底层网络资源利用率的最大化。参考文献 [4-5] 通过建立数学模型减少虚拟链路对底层链路带宽资源的占用，生成使基础网络资源利用率最大化的资源分配策略。参考文献 [6-7] 提出启发式优化算法，对基础网络资源进行最优分配方案。为了实现降低底层网络能耗的目标，参考文献 [8] 提出了虚拟网映射区域选择算法，将虚拟网映射在较小的区域内，从而使尽可能多的底层网络资源处于休眠状态。参考文献 [9-10] 将影响底层网络可靠性的参数值相加获得可靠性较高的底层网络资源，并提出基于可靠性感知的虚拟网映射算法，在虚拟网映射的效率和可靠性方面都取得了较好的效果。参考文献 [11] 提出异构环境下的备份策略，确保网络受到攻击的情况下，仍然具有较高的可靠性。当底层网络发生故障时，为了使虚拟网络能够被快速重映射，参考文献 [12-13] 提出具有抗毁能力的虚拟网映射算法，将虚拟网映射到具有较强抗毁能力的底层网络资源上。

从已有研究可知，可靠的虚拟网映射对于虚拟网络的正常运营非常重要，已成为当前的研究重点，主要解决虚拟网络可靠性的前提下实现底层网络资源利用率的最大化问题。但是，已有研究存在下面两个不足之处：①为了选择具有高靠性的底层网络资源，已有研究采用底层网络资源特性参数相加的策略，寻找具有高可靠性的底层网络资源进行分配，忽略了虚拟网络的网络特征对虚拟网映射成功率的关联关系，不但不利于体现参数的重要性，而且每次都通过选择具有最大资源的底层资源进行分配，容易使底层网络缺少能力较大的底层资源，导致需求较大资源量的虚拟网络请求映射失败。②已有研究通过选取具有抗毁能力强的高可靠底层网络资源作为备份链路或冗余链路，进行虚拟网映射和资源分配，这种资源分配策略缺少对已有的虚拟网映射数据的有效分析，从而导致较多的关键底层网络资源被当作后备资源，影响虚拟网映射的成功率和底层网络资源的利用率。

为解决这些问题，本研究提出了基于网络特征和关联关系的可靠虚拟网映射算法，创新点包括：①梳理了与可靠虚拟网映射相关的公共网络特征、虚拟网络特征、底层网络特征。②基于虚拟网映射的历史数据，挖掘了网络特征之间的关联关系，建立了基于历史信息的底层节点可靠性矩阵。③建立了基于贝叶斯网的推理模型，用于在已知当前虚拟节点映射的底层节点前提下，求解当前虚拟节点邻居节点可以映射的最优化的底层节点。④为充分利用底层节点可靠性矩阵，提出优先映射虚拟节点的二阶段映射算法 NFA-TS 和基于层级关系的虚拟网映射算法 NFA-LR，通过大量实验与现有研究成果进行了比较，验证了本研究算法在虚拟网请求映射成功率和底层网络资源利用率方面的有效性。

8.2　问题描述

8.2.1　网络描述

（1）底层网络

使用带权无向图 $G_s = (N_s, E_s)$ 表示底层网络。其中，N_s 表示底层节点集合，每个底层节点 $n_i^s \in N_s$ 包含的属性有 CPU 资源 $cpu(n_i^s)$、位置 $loc(n_i^s)$。E_s 表示底层链路集合，每条底层链路 $e_j^s \in E_s$ 包含的属性有带宽资源

$bw(e_j^s)$。使用 $|N_S|$ 表示底层节点的数量，使用 $|E_S|$ 表示底层链路的数量。

（2）虚拟网络请求

使用带权无向图 $G_V = (N_V, E_V)$ 表示虚拟网络请求。其中，N_V 表示虚拟节点集合，每个虚拟节点 $n_i^v \in N_V$ 包含的属性有 CPU 资源 $cpu(n_i^v)$。E_V 表示虚拟链路集合，每条虚拟链路 $e_j^v \in E_V$ 包含的属性有带宽资源 $bw(e_j^v)$。使用 $|N_V|$ 表示虚拟节点的数量，使用 $|E_V|$ 表示虚拟链路的数量。

（3）虚拟网映射

虚拟网映射是指底层网络服务商根据虚拟网请求的资源要求，从底层网络中选择满足虚拟网请求条件的资源分配给虚拟网络。虚拟网映射包括虚拟节点映射、虚拟链路映射两个阶段。在虚拟节点映射阶段，分配给虚拟节点 $n_i^v \in N_V$ 的底层节点 $n_i^s \in N_S$ 的 CPU 资源 $cpu(n_i^s)$ 需要满足虚拟节点的 CPU 资源需求 $cpu(n_i^v)$。使用 $n_i^v \downarrow n_i^s$ 表示虚拟节点 $n_i^v \in N_V$ 映射到底层节点 $n_i^s \in N_S$。在虚拟链路映射阶段，分配给虚拟链路 $e_j^v \in E_V$ 的所有底层链路 $e_j^s \in E_S$ 的带宽资源 $bw(e_j^s)$ 需要满足虚拟链路的带宽资源需求 $bw(e_j^v)$。使用 $e_j^v \downarrow p_j^s$ 表示虚拟链路 $e_j^v \in E_V$ 映射到底层路径 $p_j^s \in E_S$。其中，p_j^s 表示分配给虚拟链路 $e_j^v \in E_V$ 的物理链路 $e_j^s \in E_S$ 组成的底层链路集合。图 8-1 中包含一个底层网络、两个虚拟网络。以虚拟网 1 为例，说明虚拟网映射过程：①节点映射：$\{a_1 \to A, b_1 \to B, c_1 \to C, d_1 \to D\}$；②链路映射：$\{(a_1, b_1) \to (A, B)$；$(a_1, c_1) \to (A, B), (B, C)$；$(b_1, d_1) \to (B, C), (C, D)$；$(c_1, d_1) \to (C, D)\}$。

8.2.2 评价指标

（1）底层网络开销

底层网络的开销是指某一时刻 t 成功映射的虚拟网占用的底层网络的节点资源与链路资源之和。使用 C_t^S 表示时刻 t 底层网络的开销，使用式（8-1）计算。

$$C_t^S = \sum_{n_i^v \in N_V} cpu(n_i^v) + \sum_{e_i^v \in E_V} hop(e_j^v) \times bw(e_j^v)。 \tag{8-1}$$

其中，$hop(e_j^v)$ 表示 e_j^v 映射到的底层链路的数量。使用 C_T^S 表示时间段 T 内底层网络的开销，使用式（8-2）计算。

$$C_T^S = \lim_{T \to \infty} \frac{\sum_{t=0}^{T} C_t^S}{T}。 \tag{8-2}$$

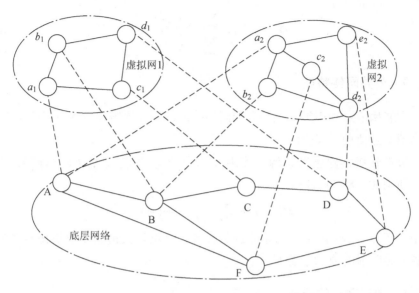

图 8-1　虚拟网映射

（2）底层网络收益

底层网络的收益是指某一时刻 t 成功映射的虚拟网的节点资源与链路资源之和。使用 R_t^S 表示时刻 t 底层网络的收益，使用式（8-3）计算。使用 R_T^S 表示时间段 T 内底层网络的收益，使用式（8-4）计算。

$$R_t^S = \sum\nolimits_{n_i^v \in N_V} cpu(n_i^v) + \sum\nolimits_{e_j^v \in E_V} bw(e_j^v),\qquad(8-3)$$

$$R_T^S = \lim_{T \to \infty} \frac{\sum_{t=0}^{T} R_t^S}{T}。\qquad(8-4)$$

（3）收益开销比

底层网络资源的利用率是指时间段 T 内底层网络的收益除以底层网络的开销，使用 U_T^S 表示，使用式（8-5）计算。

$$U_T^S = \frac{R_T^S}{C_T^S}。\qquad(8-5)$$

（4）映射成功率

映射成功率是指某时间段 T 内成功映射的虚拟网数量除以总的虚拟网数量，使用 Q_{win}^V 表示，使用式（8-6）计算。其中，$Q_{win}^V(t)$ 表示 t 时刻映射成功的虚拟网请求数量；$Q^V(t)$ 表示 t 时刻总的虚拟网请求数量。

$$Q_{win}^{V} = \lim_{T \to \infty} \frac{\sum_{t=0}^{T} Q_{win}^{V}(t)}{\sum_{t=0}^{T} Q^{V}(t)}。 \qquad (8-6)$$

8.2.3 公共网络特征

因底层节点和虚拟节点具有相同的特征，为方便描述，本节将底层节点和虚拟节点使用 n_i 表示。

节点邻接链路带宽资源。使用 $AL(n_i)$ 表示节点 n_i 的邻接链路带宽资源，使用式（8-7）计算。

$$AL(n_i) = \sum_{e_j \in E(n_i)} bw(e_j)。 \qquad (8-7)$$

其中，$E(n_i)$ 表示节点 n_i 的相邻链路集合。节点邻接链路带宽资源越丰富，虚拟链路映射的成功率越大。

8.2.4 虚拟网络的特征

（1）虚拟节点的中心值

使用 $NC(n_i^v)$ 表示虚拟节点 n_i^v 到虚拟网的其他虚拟节点 $n_j^v \in N_V$ 的跳数之和的倒数。计算公式如式（8-8）所示：

$$NC(n_i^v) = \frac{1}{\sum_{n_j^v \in N_V} hops(n_i^v, n_j^v)}。 \qquad (8-8)$$

其中，$hops(n_i, n_j)$ 表示虚拟节点 n_i^v 到虚拟节点 n_j^v 的跳数。该值越大，说明当前虚拟节点与所有虚拟节点越近，从而越可能成为虚拟网的中心节点。

（2）虚拟节点的重要度

使用 $IMPORT(n_i^v)$ 表示虚拟节点 $n_i^v \in N_V$ 的重要度，使用式（8-9）计算，表示资源需求大、中心值大的虚拟节点，在虚拟网络中的重要度较大。

$$IMPORT(n_i^v) = (cpu(n_i^v) + AL(n_i^v)) \times NC(n_i^v)。 \qquad (8-9)$$

8.2.5 底层网络的特征

（1）候选底层节点到已映射节点的跳数

使用 $UH(n_i^s)$ 表示虚拟节点的候选底层节点 n_i^s 到该虚拟网已映射的底层节点的跳数。使用式（8-10）计算。

$$UH(n_i^s) = \sum_{n_j^s \in \mu(n_i^s)} hop(n_i^s, n_j^s)。 \qquad (8-10)$$

其中，$\mu(n_i^s)$ 表示选择当前底层节点 n_i^s 为候选节点时已映射成功的底层节点集合。$hop(n_i^s, n_j^s)$ 表示当前需要映射的虚拟节点的候选底层节点 n_i^s 到已映射虚拟节点的底层节点 n_j^s 的跳数。节点到已映射邻居节点的跳数越小，虚拟链路映射后占用的底层链路数量越少，底层资源利用率越高。

（2）底层节点的故障率

使用 $FN(n_i^s)$ 表示底层节点 $n_i^s \in N_S$ 的故障率。节点的故障率越高，发生故障的次数越多，说明节点的可靠性越低。节点的故障率可以通过对网络的运维数据进行求解。

（3）底层节点的资源利用率

使用 $RU(n_i^s)$ 表示底层节点 $n_i^s \in N_S$ 的资源利用率，是指已经使用的节点 CPU 资源和邻接链路带宽资源占总的节点 CPU 资源和邻接链路带宽资源的比例。节点的资源利用率越高，说明节点的可靠性越低，并且在发生故障后，导致的后果越严重。

（4）底层节点的可靠度

使用 $RELIAB(n_i^s)$ 表示底层节点 $n_i^s \in N_S$ 的可靠度，使用式（8-11）计算。其中，公式的前半部分表示节点的资源数量方面的可靠性，后半部分表示节点性能方面的可靠性。κ 和 λ 是调节参数。

$$RELIAB(n_i^s) = \kappa \frac{cpu(n_i^s) + AL(n_i^s)}{UH(n_i^s)} \times \lambda \frac{1}{FN(n_i^s) \times RU(n_i^s)}。 (8-11)$$

8.3　节点可靠性矩阵建模

8.3.1　底层节点可靠性矩阵

底层网络服务商在长期的运营过程中，已经积累了大量的底层网络信息、虚拟网映射信息。其中，底层网络信息包括底层网络资源的可靠性、利用率等信息。虚拟网映射信息包括虚拟网请求到达、生命周期结束、映射成功率等信息。本节基于这些数据，采用机器学习算法进行数据挖掘，建立底层节点可靠性矩阵[14-15]。

（1）节点 CPU 资源映射经验矩阵 M_{CPU}

使用一个 $n \times n$ 的矩阵 M_{CPU} 表示底层节点 CPU 资源的重要度。矩阵的元素值使用 $a_{ii} \in M_{CPU}$ 表示。a_{ii} 的值表示时间段 T 内底层节点 $n_i^s \in N_S$ 分配给

所有的虚拟节点 $n_i^v \in N_V$ 的 CPU 资源之和。a_{ii} 的值越大，说明新的虚拟节点更有可能映射到当前的底层节点上，所以当前的底层节点越重要。

（2）节点链路资源映射经验矩阵 M_{LINK}

使用一个 $n \times n$ 的矩阵 M_{LINK} 表示底层节点链路资源的重要度。矩阵的元素值使用 $b_{ij} \in M_{LINK}$ 表示。b_{ij} 的值表示时间段 T 内路径 $P(n_i^s, n_j^s)$ 给虚拟链路 $e_k^v \in E_V$ 分配的带宽资源的数量除以路径 $P(n_i^s, n_j^s)$ 的跳数。其中，$P(n_i^s, n_j^s)$ 表示从底层节点 $n_i^s \in N_S$ 到底层节点 $n_j^s \in N_S$ 的一条路径。虚拟链路 $e_k^v \in E_V$ 的两端虚拟节点分别映射到底层节点 $n_i^s \in N_S$ 和底层节点 $n_j^s \in N_S$。

（3）节点可靠性的经验矩阵 M_{RELIAB}

使用一个 $n \times n$ 的矩阵 M_{RELIAB} 表示底层节点可靠性的重要度。矩阵的元素值使用 $c_{ii} \in M_{RELIAB}$ 表示。c_{ii} 的值表示时间段 T 内底层节点 $n_i^s \in N_S$ 的节点可靠性，使用式（8-11）计算。c_{ii} 的值越大，说明底层节点可靠性高，新的虚拟节点更有可能映射到当前的底层节点上，所以，当前的底层节点越重要。

为了建立节点的可靠性矩阵，需要先将可靠性指标进行归一化处理，从而提高计算的准确度。本研究采用简单的 min-max 归一化方法[15]，将各元素值缩放到 ［0，1］ 的范围内。归一化之后的矩阵分别为节点 CPU 资源映射经验矩阵 M'_{CPU}、节点链路资源映射经验矩阵 M'_{LINK}、节点可靠性的经验矩阵 M'_{RELIAB}。最终的基于历史信息的底层节点可靠性矩阵 M 为 M'_{CPU}、M'_{LINK}、M'_{RELIAB} 3 个矩阵之和，其中的每个元素 $m_{ij} \in M$ 的值表示基于历史信息获得的底层节点的可靠性。当 $i = j$ 时，$m_{ii} \in M$ 表示底层节点 $n_i^s \in N_S$ 的历史重要性和可靠性。当 $i \neq j$ 时，$m_{ij} \in M$ 表示底层节点 $n_i^s \in N_S$ 和底层节点 $n_j^s \in N_S$ 的历史相关性。即当虚拟节点 $n_i^v \in N_V$ 映射到底层节点 $n_i^s \in N_S$ 后，与虚拟节点 $n_i^v \in N_V$ 相邻的虚拟节点 $n_j^v \in N_V$ 映射到底层节点 $n_j^s \in N_S$ 的相关性。

8.3.2 基于贝叶斯网的推理模型

使用 $N_V = \{n_i^v, n_2^v, \cdots, n_i^v, \cdots, n_m^v\}$ 表示包含 m 个节点的虚拟网络，使用 $N_S = \{n_i^s, n_2^s, \cdots, n_i^s, \cdots, n_m^s\}$ 表示包含 m 个虚拟网络节点映射的底层网络节点，则虚拟节点 n_m^v 映射成功的概率可以使用式（8-12）计算。

$$P(n_m^v) = P(n_m^s \mid n_1^s, \cdots, n_{m-1}^s) \cdots P(n_2^s \mid n_1^s) P(n_1^s)。 \qquad (8-12)$$

在基于历史信息的底层节点可靠性矩阵计算虚拟网节点映射的过程中，

当虚拟网络只有 2 个节点、相应的底层网络度数较小时，底层节点的选择比较简单。但是当虚拟网络规模增加、底层网络规模增大时，可靠性矩阵将变大，计算虚拟节点映射的问题将变得更加困难。为解决此问题，本研究提出了一种基于贝叶斯网的推理模型[16]。假设当前虚拟节点的映射仅与其直接相连的并且已映射的虚拟节点相关，则式（8-12）可以简化为式（8-13），其中，n_m^s 表示虚拟节点 n_m^v 将映射到的底层节点。$pa(n_m^v)$ 表示虚拟节点 n_m^v 的父节点映射的底层节点。

$$P(n_m^v) = P(n_m^s \mid pa(n_m^v))。 \tag{8-13}$$

为了便于理解基于历史信息的底层节点可靠性矩阵，以图 8-2 为例进行说明。图 8-2 中底层网络包含 A、B、C 3 个底层节点和 AB、AC 两条底层链路，基于历史信息的底层节点可靠性矩阵 M 如图 8-3 所示。当虚拟网 1 的虚拟节点 x 已映射到底层网络的节点 A 上之后，求解虚拟节点 y 映射到哪个底层节点。下面以底层节点可靠性矩阵 M 为例进行说明。假设底层节点 B 和底层节点 C 相互独立，当虚拟网 1 的虚拟节点 x 已映射到底层网络的节点 A 上之后，虚拟节点 y 可以映射到底层节点 B 或 C。根据 $m_{ij} \in M$ 的定义可知，虚拟节点 y 可以映射到底层节点 B 的可能性为 $P(B \mid A) = 4$。虚拟节点 y 可以映射到底层节点 C 的可能性为 $P(C \mid A) = 2$。由于 $P(B \mid A) > P(C \mid A)$，所以，虚拟节点 y 映射到底层节点 B 之上。

当虚拟节点 n_m^v 的父节点映射的底层节点 $pa(n_m^v)$ 大于等于 2 时，即 $pa(n_m^v) = \{n_1^{pa,s}, n_2^{pa,s}, \cdots, n_j^{pa,s}\}$，其中 $n_j^{pa,s}$ 表示虚拟节点 n_m^v 的父节点映射的第 j 个底层节点。式（8-13）变为式（8-14）。

$$P(n_m^v) = P(n_m^s \mid n_1^{pa,s}, n_2^{pa,s}, \cdots, n_j^{pa,s})。 \tag{8-14}$$

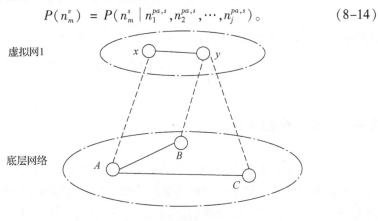

图 8-2　虚拟网映射举例

$$M = \begin{bmatrix} 3 & 4 & 2 \\ 0 & 2 & 1 \\ 3 & 4 & 1 \end{bmatrix}$$

图8-3 基于历史信息的底层节点可靠性矩阵举例

根据条件概率推理可得

$$P(n_m^v) = P(n_m^s \mid n_1^{pa,s}, n_2^{pa,s}, \cdots, n_j^{pa,s}) = \frac{P(n_m^s, n_1^{pa,s}, n_2^{pa,s}, \cdots, n_j^{pa,s})}{P(n_1^{pa,s}, n_2^{pa,s}, \cdots, n_j^{pa,s})}。$$

(8-15)

当这 j 个底层节点相互独立时，根据贝叶斯定理可得

$$P(n_m^v) = \frac{P(n_m^s, n_j^{pa,s}) P(n_1^{pa,s}, n_2^{pa,s}, \cdots, n_{j-1}^{pa,s} \mid n_m^s, n_j^{pa,s})}{P(n_j^{pa,s}) P(n_1^{pa,s}, n_2^{pa,s}, \cdots, n_{j-1}^{pa,s})}$$

$$= P(n_m^s \mid n_j^{pa,s}) \frac{P(n_1^{pa,s}, n_2^{pa,s}, \cdots, n_{j-1}^{pa,s} \mid n_m^s, n_j^{pa,s})}{P(n_1^{pa,s}, n_2^{pa,s}, \cdots, n_{j-1}^{pa,s})}。$$

因父节点相互独立，所以，上式为

$$P(n_m^v) = P(n_m^s \mid n_j^{pa,s}) \frac{P(n_1^{pa,s}, n_2^{pa,s}, \cdots, n_{j-1}^{pa,s} \mid n_m^s)}{P(n_1^{pa,s}, n_2^{pa,s}, \cdots, n_{j-1}^{pa,s})},$$

由于 $P(n_1^{pa,s}, n_2^{pa,s}, \cdots, n_{j-1}^{pa,s} \mid n_m^s) = \dfrac{P(n_1^{pa,s}, n_2^{pa,s}, \cdots, n_{j-1}^{pa,s}, n_m^s)}{P(n_m^s)}$，所以，

$$P(n_m^v) = P(n_m^s \mid n_j^{pa,s}) \times \frac{1}{P(n_m^s)} \times \frac{P(n_1^{pa,s}, n_2^{pa,s}, \cdots, n_{j-1}^{pa,s}, n_m^s)}{P(n_1^{pa,s}, n_2^{pa,s}, \cdots, n_{j-1}^{pa,s})}。$$

(8-16)

由于式（8-16）的右边部分与式（8-15）类似，所以，

$$P(n_m^v) = \frac{1}{P(n_m^s)^{m-1}} \prod_{j=1}^{m} P(n_m^s \mid n_j^{pa,s})。$$

(8-17)

8.4 启发式映射算法

为充分利用底层节点可靠性矩阵，基于网络特性和节点可靠性矩阵模型，本研究提出了两种基于网络特征和关联关系的可靠虚拟网映射算法，即优先映射虚拟节点的二阶段映射算法 NFA-TS、基于层级关系的虚拟网映射算法 NFA-LR。

8.4.1　优先映射虚拟节点的二阶段映射算法 NFA-TS

算法 NFA-TS 主要包括虚拟节点映射、虚拟链路映射两个阶段。在虚拟节点映射阶段，首先计算虚拟节点的重要性 $IMPORT(n_i^v)$，然后对最重要的虚拟节点选择满足 $cpu(n_i^v)$ 需求、$m_{ii} \in M$ 最大的底层节点分配资源；对于其他虚拟节点，使用式（8-17）求解 $P(n_i^v)$，选择满足 $cpu(n_i^v)$ 需求的 $P(n_i^v)$ 最大的底层节点分配资源。在虚拟链路映射阶段，使用 K 最短路径算法为每条虚拟链路分配满足其约束条件的底层链路资源。算法 NFA-TS 如下。

输入：$G_S = (N_S, E_S)$，$G_V = (N_V, E_V)$，底层网络 G_S 的节点可靠性矩阵 M。

输出：G_V 的映射列表。

第 1 步：对于虚拟网的每个虚拟节点 $n_i^v \in N_V$，使用式（8-9）计算虚拟节点的重要度 $IMPORT(n_i^v)$。

第 2 步：按照 $IMPORT(n_i^v)$ 降序排序，得到虚拟节点集合 N_V'。

第 3 步：对于 N_V' 中 $IMPORT(n_i^v)$ 最大的虚拟节点，从底层节点集合中选择满足 $cpu(n_i^v)$ 需求、$m_{ii} \in M$ 最大的底层节点分配资源；如果分配成功，将当前虚拟节点 n_i^v 从集合 N_V' 中删除；如果分配失败，结束。

第 4 步：对 N_V' 中的每个虚拟节点 n_i^v 按顺序进行映射。

a. 使用式（8-17）求解 $P(n_i^v)$，将满足 $cpu(n_i^v)$ 需求的最大的底层节点分配给当前虚拟节点；

b. 如果没有满足 $cpu(n_i^v)$ 的底层节点，映射失败，结束。

第 5 步：对 E_V 中的每条虚拟链路 $e_j^v \in E_V$ 分配资源。

a. 对每条虚拟链路 e_j^v，使用 k 最短路径算法查找满足链路约束 $bw(e_j^v)$ 的底层链路，为 e_j^v 分配资源；

b. 如果分配失败，结束。

8.4.2　基于层级关系的虚拟网映射算法 NFA-LR

为了利用虚拟节点之间的关联关系，基于算法 NFA-TS，本研究提出算法 NFA-LR。算法首先计算虚拟节点的重要性 $IMPORT(n_i^v)$，设置最重要的虚拟节点为根节点，并使用满足 $cpu(n_i^v)$ 需求、$m_{ii} \in M$ 最大的底层节点分配资源。基于虚拟网的根节点生成虚拟节点的广度优先搜索树。在广度优先搜索树的每一层，分别实现虚拟节点和虚拟链路的资源分配。算法 NFA-LR 如下。

输入：$G_S = (N_S, E_S)$，$G_V = (N_V, E_V)$，底层网络 G_S 的节点可靠性矩阵 M。

输出：G_V 的映射列表。

第 1 步：对于虚拟网的每个虚拟节点 $n_i^v \in N_V$，使用式（8-9）计算虚拟节点的重要度 $IMPORT(n_i^v)$。

第 2 步：选取 $IMPORT(n_i^v)$ 最大的虚拟节点 n_i^v 为根节点。

第 3 步：从底层节点集合中选择满足 $cpu(n_i^v)$ 需求、$m_{ii} \in M$ 最大的底层节点给根节点分配资源，如果分配失败，结束。

第 4 步：基于根节点对虚拟网进行广度优先搜索，生成广度优先搜索树 $Tree(n_i^v)$。

第 5 步：遍历 $Tree(n_i^v)$ 的每一层虚拟节点：

a. 将该层节点按 $IMPORT(n_i^v)$ 降序排列：

ⅰ. 使用式（8-17）求解 $P(n_m^v)$，将满足 $cpu(n_i^v)$ 需求的最大的 $P(n_m^v)$ 底层节点分配给当前虚拟节点；

ⅱ. 如果分配失败，结束。

b. 对当前虚拟节点对应的虚拟链路集合按 $bw(e_j^v)$ 降序排列，逐条映射：

ⅰ. 使用 k 最短路径算法为当前的虚拟链路分配跳数最少的底层链路资源；

ⅱ. 如果分配失败，判断回溯节点数是否超过回溯阈值 η，若超过，映射失败；否则回溯到上一个虚拟节点，为其重新映射底层节点。

8.5 性能分析

8.5.1 实验设置

在虚拟网资源分配的已有研究中，采用 GT-ITM 工具生成底层网络拓扑和虚拟网映射请求[17]。在底层网络拓扑生成方面，底层节点包含 100 个，任意两个底层节点以 0.5 的概率进行连接，此底层网络拓扑相当于一个中型的网络提供商提供的网络资源。在虚拟网络拓扑生成方面，虚拟节点服从 [2，8] 的均匀分布，任意两个虚拟节点以 0.5 的概率进行连接。在资源赋值方面，将底层节点和底层链路的节点 CPU 资源值、链路带宽资源值的取值范围设置为 [30，60] 的均匀分布。因节点资源和链路资源的取值范围相同，将 κ 和 λ 参数的取值设置为 1。与参考文献 [6] 类似，本研究将回溯阈值 η 取值为 $3n$，其中 n 为虚拟网节点的数量。虚拟节点的 CPU 资源取值范围设置为 [1，5] 的均匀分布。虚拟链路带宽资源值的取值范围设置为 [1，10] 的均匀分布。实验中共运行 6000 个时间单位。在虚拟网映射请求方面，将虚拟网映射请求的到达时间设置为服从平均间隔为 1.5 个时间单位的泊松分布。大约包含 4000 个虚拟网映射请求。每个虚拟网请求的平均生命周期为 20 个时间单位。实验硬件平台配置为 8 核 CPU、8 GB 内存、200 GB 硬盘的云主机，操作系统为 CentOS 6.6。

8.5.2 节点可靠性矩阵建模分析

为了分析构建的节点可靠性矩阵对算法性能的影响，本小节分析了不同虚拟网映射数量（Number of Virtual Network Mappings，N-VNM）情况下构建的节点可靠性矩阵时，算法 NFA-TS 的底层网络收益、映射成功率、收益开销比。实验结果如图 8-4 至图 8-6 所示，比较了 N-VNM 取值为 500、800、1100、1400、1700、2000 情况下构建的节点可靠性矩阵对算法 NFA-TS 性能的影响。其中，虚拟网的映射数据通过参考文献 [3] 算法 VNE-SSM 进行采集。从实验结果可知，随着 N-VNM 取值的增加，算法 NFA-TS 的底层网络收益、映射成功率、收益开销比的性能逐渐增加。当 N-VNM 的值增加到 1400 时，算法 NFA-TS 的底层网络收益、映射成功率、收益开销比的性能趋于稳定。实验结果表明，当 N-VNM 的数量较少时，节点可靠性矩阵没有很好地体现出底层网络的网络特征和关联关系，因此算法 NFA-TS 的性能较低。当 N-VNM 的数量较多时，节点可靠性矩阵能够体现出底层网络的网络特征和关联关系，因此算法 NFA-TS 的性能逐渐提升到趋于稳定。

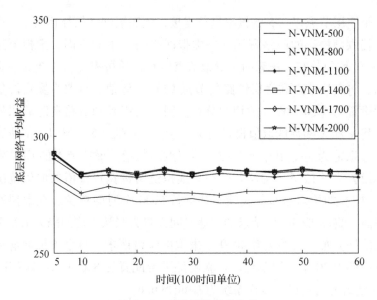

图8-4 底层网络平均收益

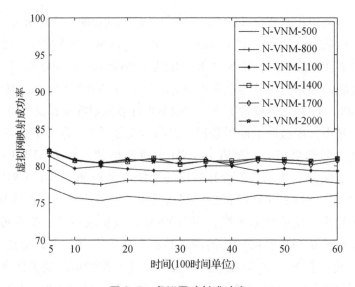

图8-5 虚拟网映射成功率

8.5.3 与相关算法比较分析

下面将使用 N-VNM 取值 1400 时构建的节点可靠性矩阵，通过与已有典型文献算法比较，分析本研究提出的算法 NFA-TS 和 NFA-LR 的性能。通过

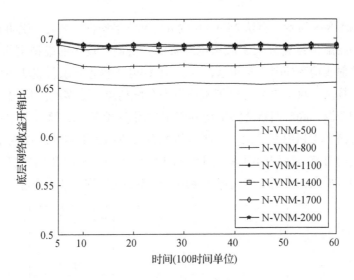

图 8-6　底层网络收益开销比

对已有研究分析可知，当前虚拟网映射的算法实现可以分为启发式算法、数学规划算法两种，其中，数学规划算法的时间开销随着底层网络节点数的增加呈指数增长。本研究采用启发式的算法，所以需要选取解决问题相似的启发式算法。因参考文献［3］算法 VNE-SSM 和参考文献［9］算法 SVNE 与本研究算法解决的问题类似，而且是比较经典的算法。下面将从底层网络平均开销和收益、虚拟网映射成功率、底层网络链路和节点平均利用率等 5 个方面对表 8-1 所示算法进行分析，实验结果如图 8-7 至图 8-11 所示。

表 8-1　算法名称与描述

算法名称	算法描述
NFA-TS	本研究提出的优先映射虚拟节点的二阶段映射算法
NFA-LR	本研究提出的基于层级关系的虚拟网映射算法
VNE-SSM	采用贪婪算法实现底层网络资源利用率的最大化[3]
SVNE	将影响底层网络可靠性的参数值相加获得可靠性较高的底层网络资源，提出基于可靠性感知的虚拟网映射算法[9]

底层网络平均开销分析如图 8-7 所示，算法 SVNE 的底层网络平均开销最大，本研究提出的算法 NFA-LR 和算法 NFA-TS 的底层网络平均开销较低，说明本研究算法为虚拟链路分配了跳数较少的底层网络链路资源。底层网络平

均收益如图8-8所示，算法NFA-LR的底层网络平均收益最大，说明本研究算法为更多的虚拟链路分配了底层网络资源，获得了较多的虚拟网络的收益。虚拟网映射成功率如图8-9所示，算法NFA-LR的虚拟网映射成功率最大，说明本研究算法接收了更多的虚拟网络资源分配请求，更多的虚拟网络请求被成功分配资源。底层网络链路平均利用率如图8-10所示，算法NFA-LR的底层网络链路平均利用率最大，说明本研究算法使用了更多的底层网络链路资源。底层网络节点平均利用率如图8-11所示，算法NFA-LR的底层网络节点平均利用率最大，说明本研究算法使用了更多的底层网络节点资源。

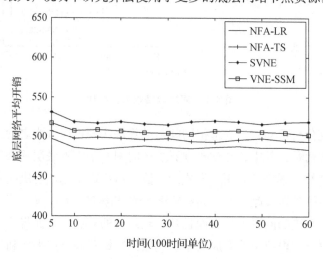

图8-7　底层网络平均开销

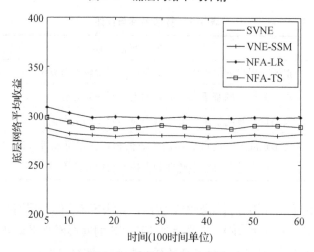

图8-8　底层网络平均收益

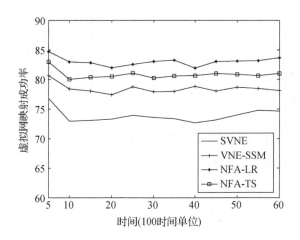

图 8-9　虚拟网映射成功率分析

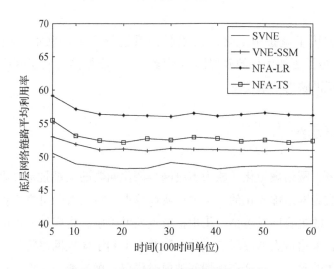

图 8-10　底层网络链路平均利用率分析

从实验结果可知，相比于已有研究，本研究算法在底层网络平均开销、收益、虚拟网映射成功率、底层网络链路和节点平均利用率等 5 个方面都取得了较好的性能指标。所以，本研究提出的算法能够通过分析大量历史数据，充分利用了底层网络的网络特征和关联关系，选取合适的底层网络资源，取得了最短的链路映射效果，有效避免了已有算法优先使用具有最大资源的底层网络资源，减少了底层网络资源的碎片化。另外，算法 NFA-LR 的

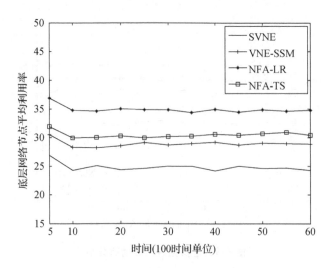

图 8-11 底层网络节点平均利用率

层级关系利用了虚拟节点之间的关联关系进行虚拟网映射，相比于算法NFA-TS 获得了更加优化的底层网络资源，进一步提高了底层网络资源的利用率和虚拟网映射的成功率。

8.6 本章小结

近年来，网络虚拟化已成为解决网络僵化问题的关键技术。虚拟网的资源分配已成为网络虚拟化的一个关键研究热点。在已有的可靠虚拟网映射研究中，存在的主要问题包括：①虚拟节点映射阶段，将底层节点的关键参数简单相加，采用最大的底层节点分配资源，不利于体现网络特征，也容易造成底层资源的碎片化；②在虚拟网映射时仅仅考虑当前的虚拟网请求和底层网络资源状况，没有充分利用网络拓扑、历史映射数据。为解决这些问题，本研究梳理了与可靠虚拟网映射相关的网络特性，建立了基于历史信息的底层节点可靠性矩阵和基于贝叶斯网的推理模型，提出了基于网络特征和关联关系的可靠虚拟网映射算法，并通过仿真实验与相关经典算法进行比较，验证了本研究算法在虚拟网映射成功率、底层网络资源利用率等方面都优于现有的虚拟网映射算法。

为了保证虚拟网络在底层网络发生故障时，能够通过迁移和重配置技术，实现虚拟网络的可生存性，提高虚拟网络的抗毁能力，因此在下一步工作中，将基于本研究的研究成果，采用数据挖掘和机器学习技术，进一步挖掘底层网络故障时底层网络资源之间的迁移和重配置关联关系，从而实现高于生存性的虚拟网映射算法。

参考文献

[1] FISCHER A, BOTERO J F, TILL B M, et al. Virtual network embedding: a survey [J]. IEEE communications surveys and tutorials, 2013, 15 (4): 1888 - 1906.

[2] CHOWDHURY N M M K, BOUTABA R. Network virtualization: state of the art and research challenges [J]. IEEE communications magazine, 2009, 47 (7): 20 - 26.

[3] YU M, YI Y, REXFORD J, et al. Rethinking virtual network embedding: substrate support for path splitting and migration [J]. ACM sigcomm computer communication review, 2008, 38 (2): 17 - 29.

[4] LISCHKA J, KARL H. A virtual network mapping algorithm based on subgraph isomorphism detection [C] //Proc of ACM SIGCOMM Workshop on Virtualized Infrastructure Systems and Architectures, 2009: 81 - 88.

[5] MELO M, SARGENTO S, KILLAT U, et al. Optimal virtual network embedding: node-link formulation [J]. IEEE trans on network and service management, 2013, 10 (4): 1 - 13.

[6] SU S, CHENG X, ZHANG Z B, et al. Virtual network embedding with survivable routing [J]. Journal of internet technology, 2013, 14 (5): 741 - 750.

[7] MIJUMBI R, SERRAT J, GORRICHO J L, et al. A path generation approach to embedding of virtual networks [J]. IEEE trans on network and service management, 2015, 12 (3): 334 - 348.

[8] 陈晓华，李春芝，陈良育，等. 主动休眠节点链路的高效节能虚拟网络映射 [J]. 软件学报，2014, 25 (7): 1416 - 1431.

[9] RAHMAN M R, BOUTABA R. SVNE: survivable virtual network embedding algorithms for network virtualization [J]. IEEE trans on network and service management, 2013, 10 (2): 105 - 118.

[10] KHAN M M A, SHAHRIAR N, AHMED R, et al. Multi-path link embedding for survivability in virtual networks [J]. IEEE transactions on network and service management, 2016, 13 (2): 253 - 266.

[11] 季新生，赵硕，艾健健，等. 主动休眠节点链路的高效节能虚拟网络映射 [J]. 电

子与信息学报，2018，40 （5）：1087 - 1093.

[12] CHOWDHURY S R, AHMED R, KHAN M M A, et al. Dedicated protection for surviv-able virtual network embedding [J]. IEEE Transactions on Network and Service Manage-ment, 2016, 13 （4）：913 - 926.

[13] JIANG H H, WANG Y X, GONG L, et al. Availability-aware survivable virtual network embedding in optical datacenter networks [J]. Journal of optical communications and net-working, 2015, 7 （12）：1160 - 1171.

[14] ANDRIEU C, DE FREITAS N, DOUCET A, et al. An introduction to MCMC for ma-chine learning [J]. Machine learning, 2003, 50 （1 - 2）：5 - 43.

[15] HAN J, KAMBER M, PEI J. Data mining: concepts and techniques [M]. San Francis-co: Morgan Raufmann, 2006.

[16] NEAPOLITAN R E. Learning bayesian networks [M]. New York: Pearson Prentice Hall Upper Saddle River, 2004.

[17] ZEGURA E W, CALVERT K L, BHATTACHARJEE S. How to model an Internet work [C] //IEEE Infocom, c1996: 594 - 602.

第9章 网络拓扑感知的电力通信网 链路丢包率推理算法

为提高电力通信网的传输性能，解决现有链路丢包率推理算法中多次探测增加网络负荷及算法的推算精度需进一步提高的问题，本研究提出了一种网络拓扑感知的电力通信网链路丢包率推理算法。首先，基于网络运行的历史数据和网络拓扑特征建立网络模型，并采用代数模型划分为多个独立子集；其次，提出一种加权相对熵的排序方法，对每个独立子集中的疑似拥塞链路进行量化处理；最后，通过求解化简后的非奇异矩阵的唯一解，得到拥塞链路的丢包率。通过仿真实验，验证了本研究算法相比于现有算法，在拥塞链路判定和链路丢包率推算精度方面取得了较好的效果。

9.1 引言

在电力系统中，包含多个子系统和多种设备，这些系统和设备需要高低不同的数据传输速率，导致电力通信网的传输链路具有不均衡特性。为满足部分系统和设备对数据传输的实时性要求，在电力通信网中，大量电力通信业务使用 UDP 协议进行数据传输。一方面，由于 UDP 协议和传输设备具有不可靠性，容易造成数据报文的丢失；另一方面，UDP 协议缺乏拥塞控制，如果发生网络链路拥塞，尤其是当网络负荷较高时，容易导致电力通信网的传输性能下降，影响电力通信业务的服务质量。因此，及时获取电力通信网链路的丢包率，有助于网优人员快速发现网络隐患，修复和恢复网络传输链路资源的传输速率，确保网络传输的服务质量。网络管理人员需要快速定位发生拥塞的链路并进行处理。

为了快速获取网络链路的丢包率，网络层析成像（Network Tomography，NT）将医学上的计算机层析成像（Computerized Tomography，CT）思想应用到网络测量中，可以利用统计学的相关技术，间接推断 IP 网络内部的链路通过率、带宽值、时延等性能。由于 NT 技术仅通过网络终端节点进行的端到端测量，就可以推算出链路的性能指标，不需要直接访问网络内部节点，不涉及用户隐私，已成为链路丢包率推理的主要研究方法[1-2]。

在 IP 网络中，网络链路丢包率推理是基于主动探测获得的端到端（End-to-End，E2E）路径丢包率数据及路径通过的链路信息进行推理的研究[1]。当前，链路丢包率推理方法分为以下 3 类。

①多播网络环境下的链路丢包率推理研究。已有研究采用多播探测实现多路端到端性能检测（Snapshots）。采用多播路由发送多播探测包，利用包与包之间的强时间相关性，推测出拥塞的链路[3-4]，此类推理方法只能应用于支持多播的网络中[2]。如果需要采用单播模拟多播，则部署成本和计算成本较高。

②单播网络环境下，通过对部分未知条件进行假设实现链路丢包率推理的研究。已有研究在假设链路发生拥塞的概率相等、发生拥塞的链路个数较少等条件下，对链路丢包率进行推理。例如，参考文献［5］以 E2E 路径中共享数目最多的瓶颈链路为最有可能发生拥塞的链路。参考文献［6］提出的链路丢包率推理算法，该算法根据链路构成的单连接树的关联关系，自底向上的将链路构成的图划分为多个 family 集合，并选取 family 集合中通过率较高的链路作为正常链路。参考文献［7］为了推理出拥塞链路，将贝叶斯推理技术应用到链路拥塞推理算法中，但是假设所有链路具有相同的先验拥塞概率。由于此类方法涉及的假设条件缺少充足的经验分析或理论论证，影响算法的推断性能和推理精度。

③单播环境下通过多次探测获得未知条件的取值，从而实现链路丢包率的推理的研究。已有研究基于路径的多次探测结果，求取路径的均值、方差值，用于链路丢包率的推理[8]。为解决单次映射存在的链路推理算法中假设条件较多的问题，参考文献［9］提出了 CLINK 算法，通过采用多时隙路径性能探测获得了链路推测中的未知信息。参考文献［10］通过多时隙路径探测，解决探测时时间强相关性的限制，学习链路拥塞的先验概率。参考文献［11］提出多次探测的多路径路由算法，用于识别共享拥塞链路。此类方法需要多次发送探测包，容易造成网络拥塞。

为提高电力通信网的传输性能，解决现有链路丢包率推理算法中多次探测增加网络负荷及算法的推算精度需进一步提高的问题，本研究采用方法②中的研究方法，为了提高假设条件的可信性，本研究充分利用网络拓扑知识和历史数据知识，提出了一种网络拓扑感知的电力通信网链路丢包率推理算法。主要贡献包括以下 4 点。

①分析了链路丢包率推理相关的网络特性，并建立了网络模型。包括链路拥塞的历史数据、网络拓扑特征、链路丢包率先验概率矩阵。

②通过对网络特征和链路丢包率推理算法中需要解决的问题进行分析，提出一种加权相对熵的排序方法，对每个独立子集中的疑似拥塞链路进行量化处理。

③提出一种网络拓扑感知的电力通信网链路丢包率推理算法，采用网络拓扑化简、丢包链路概率排序、非奇异矩阵求解 3 个步骤，推算拥塞链路的丢包率。

④通过仿真实验，验证了本研究算法相比于现有算法，在拥塞链路判定和链路丢包率推算精度方面有更好的效果。

9.2　问题描述

使用无向图 $G = (N, E)$ 表示网络拓扑。其中，N 表示网络终端或路由节点 $n_i \in N$ 集合，E 表示底层链路 $e_j \in E$ 集合。使用 $|N|$ 表示底层节点的数量。使用 $|E|$ 表示底层链路的数量。基于主动探测得到的端到端的路径 $P_k \in P$ 组成的集合用 P 表示。图 9-1 中的网络拓扑，共包含 11 条边、4 个终端节点、6 个内部节点。其中，从主机 3（H_3）发出的数据报总是同时包含 e_5、e_6，这种情况下，e_5 和 e_6 的通过率不能通过推理算法求解，所以，本研究将 e_5 和 e_6 合并为一条虚拟链路 e_{12}。本研究将虚拟链路和物理链路都描述为链路。

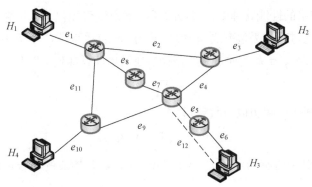

图 9-1　网络拓扑举例

表 9-1 所示的路由矩阵 M 见图 9-2，包含 6 行、10 列。行数代表路径的数量，列数代表链路的数量。使用 $M_{kj} \in M$ 表示路由矩阵 A 中第 k 行、第 j 列的元素取值，当 $M_{kj} = 1$ 表示路径 k 包含链路 j，当 $M_{kj} = 0$ 表示路径 k 不包含链路 j。

表 9-1　图 9-1 所示的网络拓扑的探测路径和通过率举例

路径	通过的链路	通过率
$P_1 : H_1 \rightarrow H_2$	$e_1 \rightarrow e_2 \rightarrow e_3$	0.81
$P_2 : H_1 \rightarrow H_3$	$e_1 \rightarrow e_8 \rightarrow e_7 \rightarrow e_{12}$	1.0
$P_3 : H_1 \rightarrow H_4$	$e_1 \rightarrow e_{11} \rightarrow e_{10}$	0.75
$P_4 : H_2 \rightarrow H_3$	$e_3 \rightarrow e_4 \rightarrow e_{12}$	0.59
$P_5 : H_2 \rightarrow H_4$	$e_3 \rightarrow e_4 \rightarrow e_9 \rightarrow e_{10}$	0.36
$P_6 : H_3 \rightarrow H_4$	$e_{12} \rightarrow e_9 \rightarrow e_{10}$	0.56

$$M = \begin{matrix} & e_1 & e_2 & e_3 & e_4 & e_7 & e_8 & e_9 & e_{10} & e_{11} & e_{12} & \\ & \begin{bmatrix} 1 & 1 & 1 & 0 & 0 & 0 & 0 & 0 & 0 & 0 \\ 1 & 0 & 0 & 0 & 1 & 1 & 0 & 0 & 0 & 1 \\ 1 & 0 & 0 & 0 & 0 & 0 & 0 & 1 & 1 & 0 \\ 0 & 0 & 1 & 1 & 0 & 0 & 0 & 0 & 0 & 1 \\ 0 & 0 & 1 & 1 & 0 & 0 & 1 & 1 & 0 & 0 \\ 0 & 0 & 0 & 0 & 0 & 0 & 1 & 1 & 0 & 1 \end{bmatrix} & \begin{matrix} P_1 \\ P_2 \\ P_3 \\ P_4 \\ P_5 \\ P_6 \end{matrix} \end{matrix}$$

图 9-2　表 9-1 所示的路由矩阵 M

在 IP 网络的性能管理中，路径的通过率为该路径包含的链路的通过率之积。链路的通过率与丢包率之和为 1。使用 Pr_k 表示路径 $P_k \in P$ 的通过率。使用 er_j 表示链路 $e_j \in E$ 的通过率。路径的通过率计算如式（9-1）所示。

$$Pr_k = \prod_{j=1}^{N} er_j^{M_{kj}} 。 \tag{9-1}$$

对式（9-1）两边取对数可得式（9-2）。

$$\log Pr_k = \prod_{j=1}^{N} M_{kj} \log er_j 。 \tag{9-2}$$

所以，对于所有的路径 $P_k \in P$ 和链路 $e_j \in E$ 构成的集合可以表示为式（9-3）。

$$\{\log Pr_1, \log Pr_2, \cdots, \log Pr_M\} = \left\{ \prod_{j=1}^{N} M_{1j}\log er_j, \prod_{j=1}^{N} M_{2j}\log er_j, \cdots, \prod_{j=1}^{N} M_{Mj}\log er_j \right\}.$$

(9-3)

令 $Y_i = \log Pr_i$，$X_j = \log lr_j$，得到式（9-4）。从参考文献［9］可知，为了减少探测 E2E 对网络性能的影响，E2E 的路径一般包含较多的链路，所以路径的数量小于链路数，矩阵 M 为列不满秩矩阵，所以矩阵 M 不存在唯一解。

$$Y = MX.$$

(9-4)

9.3　网络模型

本节将基于链路拥塞的历史数据、网络拓扑特征建立链路丢包率先验概率矩阵。

9.3.1　链路拥塞的历史数据

基于长期网络运营数据可知，一般来说，发生拥塞较多的链路，再次拥塞的概率较大；最近发生拥塞的链路，再次发生拥塞的概率较大。这些历史数据和经验，有助于链路拥塞的推算。基于此，本研究使用链路的拥塞次数、链路拥塞发生的时间来记录链路拥塞的历史数据。使用 $N_{e_j}^{er}$ 表示时间段 T 内链路 $e_j \in E$ 拥塞的次数，使用 $t_{e_j}^{er}$ 表示链路 $e_j \in E$ 最近一次发生拥塞的时间（精确到秒）。采用简单的 min-max 归一化方法[12]，将拥塞次数元素值缩放到［0，1］的范围内，得到归一化之后的数值 $N_{e_j}^{er-nor}$。所以，链路 $e_j \in E$ 拥塞的历史数据 $H_{e_j}^{er}$ 可以使用式（9-5）计算。

$$H_{e_j}^{er} = N_{e_j}^{er-nor} + t_{e_j}^{er}.$$

(9-5)

9.3.2　网络拓扑特征

考虑到网络拓扑中节点的度数、路径中包含的链路关系及路径的平均丢包率等特征与链路拥塞相关，下文将对这些特征进行形式化描述。

（1）节点的度数

度数较大的节点，其相邻的边为作为父链路或共享数目较多的瓶颈链路可能性较大，这些链路成为拥塞链路的概率较大。使用 De_{n_i} 表示路由节点 $n_i \in N$ 的度。

（2）包含当前链路的路径的平均丢包率

使用 $P_{e_j}^{er}$ 表示包含当前链路 $e_j \in E$ 的路径的平均丢包率，使用式（9-6）计算。其中，包含当前链路 $e_j \in E$ 的路径 $P_{e_j}^r$ 共 α 条。

$$P_{e_j}^{er} = \frac{\sum_{r=1}^{\alpha} P_{e_j}^r}{\alpha}。 \tag{9-6}$$

（3）经过当前链路 e_j 的拥塞路径的独立性

经过当前链路 e_j 的路径的独立性是指当前链路在所有包含当前链路的拥塞路径的链路中的占比，使用 $PI_{e_j}^{er}$ 表示，使用式（9-7）计算。$PI_{e_j}^{er}$ 的取值越大，说明包含当前链路的拥塞路径的链路数越少，当前链路属于拥塞链路的概率越大。其中，$\left| e_{P_{e_j}^r} \right|$ 表示包含当前链路的路径 $P_{e_j}^r$ 中包含的链路数量，α 表示包含当前链路的路径数量。

$$PI_{e_j}^{er} = \frac{\alpha}{\sum_{r=1}^{\alpha} \left| e_{P_{e_j}^r} \right|}。 \tag{9-7}$$

9.3.3　链路丢包率先验概率矩阵

基于链路拥塞的历史数据和网络拓扑特征，建立链路丢包率先验概率矩阵 L，矩阵的元素使用 $L_{ij} \in L$ 表示。其中，当 $i=j$ 时，矩阵元素 $L_{ij} \in L$ 的取值为节点 i 的度 De_{n_i}。当 $i \neq j$ 时，矩阵元素 $L_{ij} \in L$ 的取值为拥塞链路的历史数据 $H_{e_j}^{er}$。

9.4　网络拓扑感知的电力通信网链路丢包率推理算法

网络拓扑感知的电力通信网链路丢包率推理算法包括以下 3 种。
①模型化简：采用代数模型划分为多个独立子集。
②链路的加权相对熵排序。
③推理链路的丢包率。

9.4.1　模型化简

对于路由矩阵 M，该路由矩阵包括 k 行、j 列。k 行代表 k 条探测路径。j 列代表 j 条网络链路。当探测路径 P_k 的通过率为 1 时，P_k 经过的所有网络链路 l_j 的通过率都为 1。基于此，可以把矩阵 A 中的探测路径 P_k 的通过率为

1 的行、网络链路通过率为 1 的列全部删除。

$$\hat{Y} = \hat{M}\hat{X}。 \tag{9-8}$$

由参考文献［5］可知，变形的高斯约旦消元法可以将路由矩阵划分为分块的行阶梯矩阵，并且在每个分块矩阵中，任意一行都不会成为其他行的一部分。所以，本研究基于变形的高斯约旦消元法，将路由矩阵 $\hat{M}$ 划分为多个独立的子集，每个独立的子集使用式（9-9）表示。

$$\hat{Y}_1 = \hat{M}_1\hat{X}_1。 \tag{9-9}$$

因为每个独立的子集 $\hat{M}_1$ 中，任意一行都不会成为其他行的一部分，并且其中包含的链路的通过率都不可知，所以本研究将每个独立子集的每一行的链路序列称为独立链路序列。

9.4.2　加权相对熵计算方法

逼近理想排序法（Technique for Order Preference by Similarity to an Ideal Solution，TOPSIS）[13]可以使用链路的多属性特征，实现链路丢包概率的排序。TOPSIS 将链路丢包概率的属性值与理想点的欧式距离作为标准，实现链路丢包概率值的排序。假设包含 m 条疑似丢包链路，每条链路包含 n 个属性，那么第 i 条疑似丢包链路的第 j 个属性值可以使用 $a_{ij} \in A_{m \times n}$ 表示，基于此，得到 TOPSIS 决策矩阵为

$$A_{m \times n} = \begin{bmatrix} a_{11} & \cdots & a_{1n} \\ a_{21} & \cdots & a_{2n} \\ \cdots & \cdots & \cdots \\ a_{m1} & \cdots & a_{mn} \end{bmatrix}。 \tag{9-10}$$

对于每条链路的量化中，决策矩阵中的属性包括：链路 e_i 的起始节点和终止节点的度数之和 De_{e_i}、链路 e_i 拥塞的先验概率 $H_{e_i}^{er}$、包含当前链路 e_i 的路径的平均丢包率 $P_{e_i}^{er}$、经过当前链路 e_i 的拥塞路径的独立性 $PI_{e_i}^{er}$。所以，$a_{i1} = De_{n_s}^i + De_{n_t}^i$，其中，$n_s$ 和 n_t 分别表示链路 e_i 的两端的节点。$a_{i2} = H_{e_i}^{er}$，$a_{i3} = P_{e_i}^{er}$，$a_{i4} = PI_{e_i}^{er}$。

$$A_{m \times 4} = \begin{bmatrix} De_{n_s}^1 + De_{n_t}^1 & H_{e_1}^{er} & P_{e_1}^{er} & PI_{e_1}^{er} \\ De_{n_s}^2 + De_{n_t}^2 & H_{e_2}^{er} & P_{e_2}^{er} & PI_{e_2}^{er} \\ \cdots & \cdots & \cdots & \cdots \\ De_{n_s}^m + De_{n_t}^m & H_{e_m}^{er} & P_{e_m}^{er} & PI_{e_m}^{er} \end{bmatrix}。 \tag{9-11}$$

为了确保属性值的一致性，通过式（9-12）建立标准化决策矩阵。

$$B_{m \times n} = (b_{ij})_{m \times n} = \left[\frac{a_{ij}}{\sqrt{\sum_{i=1}^{m}(a_{ij})^2}} \right]。 \tag{9-12}$$

基于网络运营维护经验，可以通过给每个属性设置权值 $W = (w_1, w_2, \cdots, w_n)$，其中，$\sum_{j=1}^{n} w_j = 1$。基于此，实现加权 TOPSIS 决策矩阵 V，见式（9-13）。

$$V_{m \times n} = \begin{bmatrix} w_1 b_{11} & \cdots & w_n b_{1n} \\ w_1 b_{21} & \cdots & w_n b_{2n} \\ \cdots & \cdots & \cdots \\ w_1 b_{m1} & \cdots & w_n b_{mn} \end{bmatrix} = \begin{bmatrix} v_{11} & \cdots & v_{1n} \\ v_{21} & \cdots & v_{2n} \\ \cdots & \cdots & \cdots \\ v_{m1} & \cdots & v_{mn} \end{bmatrix}。 \tag{9-13}$$

使用 J^+ 表示效益型属性集合，J^- 表示成本型属性集合。则属性理想点 A^+ 使用式（9-14）计算，属性负理想点 A^- 使用式（9-15）计算，每条链路的属性值到 A^+、A^- 的距离使用式（9-16）和式（9-17）计算。

$$A^+ = \{ (\max_i v_{ij} \,|\, j \in J^+), (\min_i v_{ij} \,|\, j \in J^-) \,|\, i \in m \} = \{ v_1^+, \cdots, v_i^+, \cdots, v_n^+ \},$$
$$\tag{9-14}$$

$$A^- = \{ (\min_i v_{ij} \,|\, j \in J^+), (\max_i v_{ij} \,|\, j \in J^-) \,|\, i \in m \} = \{ v_1^-, \cdots, v_i^-, \cdots, v_n^- \},$$
$$\tag{9-15}$$

$$D_i^+ = \sqrt{\sum_{j=1}^{n}(v_{ij} - v_j^+)^2}, i \in m, \tag{9-16}$$

$$D_i^- = \sqrt{\sum_{j=1}^{n}(v_{ij} - v_j^-)^2}, i \in m。 \tag{9-17}$$

考虑到采用欧式距离不利于评价处于 A^+、A^- 中间节点的属性，本研究提出相对熵的定义，便于更加准确地描述节点到 A^+、A^- 中间节点的关系，使用式（9-18）和式（9-19）计算。使用式（9-20）计算每条疑似拥塞链路 e_i 的拥塞概率值 C_i，该值越大，说明该条链路发生拥塞的可能性越大。

$$D_i^+ = \sum_{j=1}^{n} \left[v_j^+ \log \frac{v_j^+}{v_{ij}} + (1 - v_j^+) \log \frac{1 - v_j^+}{1 - v_{ij}} \right], i \in m, \tag{9-18}$$

$$D_i^- = \sum_{j=1}^{n} \left[v_j^- \log \frac{v_j^-}{v_{ij}} + (1 - v_j^-) \log \frac{1 - v_j^-}{1 - v_{ij}} \right], i \in m, \tag{9-19}$$

$$C_i = \frac{D_i^-}{D_i^+ + D_i^-}, C_i \in (0,1), i \in m。 \tag{9-20}$$

求解各个链路的相对熵，之后降序排列。考虑到每条疑似拥塞链路的属性经过标准化之后都为（0，1）的数值，为方便计算，属性指标的权值为 $W = (0.25, 0.25, 0.25, 0.25)$。加权相对熵链路的排序方法如下。

输入：疑似拥塞链路集合 E，决策矩阵 $A_{m \times 4}$。

输出：已排序的疑似拥塞链路集合 E_{dec}。

①根据式（9-12）将决策矩阵 $A_{m \times 4}$ 进行标准化，得到标准化决策矩阵 $A_{m \times 4}^{nor}$。

②基于式（9-13），将指标的权值代入 $A_{m \times 4}^{nor}$ 后，得到加权标准化决策矩阵 $A_{m \times 4}^{nor-w}$。

③使用式（9-14）计算属性理想点 A^+，使用式（9-15）计算属性负理想点 A^-。

④对于疑似拥塞链路集合 E 中的每条疑似拥塞链路 e_i，使用式（9-18）计算其到理想点的距离 D_i^+，使用式（9-19）计算其到负理想点的距离 D_i^-。

⑤使用式（9-20）计算每条疑似拥塞链路 e_i 的拥塞概率值 C_i。

⑥基于链路的 C_i 值，对所有疑似拥塞链路进行降序排列，得到集合 E_{dec}。

9.4.3　链路丢包率推理方法

线性方程组 $\hat{Y}_1 = \widehat{M}_1 \hat{X}_1$ 是非满秩方程组，不能求唯一解。为求唯一解，本研究通过从 $\hat{Y}_1$ 中选择合适的链路集合 E_{dec}^1，而剩余的链路集合 E_{dec}^2 组成的方程组即为满秩方程组。选择链路集合 E_{dec}^1 时，使用加权相对熵计算方法，求解链路的加权相对熵并降序排列。依次选择链路并从链路集合中去除，直到方程组为满秩方程组。此时，通过计算式（9-21）的解，即可得到所有链路的通过率。

$$\hat{Y}_1 - \widehat{M}_1 \hat{X}_{E_{dec}^1} = \widehat{M}_1 \hat{X}_{E_{dec}^2} \text{。} \tag{9-21}$$

9.4.4　算法步骤及伪代码

算法步骤及伪代码如下。

输入：路径集合 $P = \{P_1, P_2, \cdots, P_i\}$，链路集合 $L = \{e_1, e_2, \cdots, e_j\}$，路由矩阵 M，路径通过率 Y_i。

输出：链路通过率 X_j。

①模型化简。

删除路径集合 P 中通过率 Y_i 为 1 的路径所经过的链路。

删除路由矩阵 M 中的重复列、零列。

采用高斯约旦消元法[5]将化简后的矩阵划分为多个独立的子集 $\{\hat{M}_1,$ $\hat{M}_2,\cdots,\hat{M}_{gas}\}$ 。

②使用算法 1 对 $\{\hat{M}_1,\hat{M}_2,\cdots,\hat{M}_{gas}\}$ 中的每个子集，采用加权相对熵排序方法，对所有疑似拥塞链路进行排序得到集合 E_{dec} 。

③对 $\{\hat{M}_1,\hat{M}_2,\cdots,\hat{M}_{gas}\}$ 中的每个子集，推理链路的丢包率。

a. 将链路集合 E_{dec} 划分为 E_{dec}^1 和 E_{dec}^2 ，直到式（9–21）满秩。

b. 将 E_{dec}^1 中的链路通过率设置为 1。

c. 将 E_{dec}^2 中的链路通过率设置为式（9–21）中的解。

9.5 仿真

9.5.1 实验环境

为分析网络环境对算法性能的影响，与已有研究类似[5,15-16]，实验中实验工具 Brite 生成 Waxman、Barabasi-Albert 两种网络拓扑[14,1]。两种网络中，网络节点的个数为 500，Waxman 网络拓扑的特点是节点的度数小，探测包含的链路数量较多；Barabasi-Albert 网络拓扑的特点是节点的度数较大，探测包含的链路数量较少[17-18]。在模拟链路拥塞方面，实验使用 LLRD1 模型[15]以 [0.05，0.15] 概率模拟链路的拥塞概率。网络拥塞数据在 Java 程序中进行处理之后，使用 MATLAB 进行算法分析。通过已有文献分析可知，算法 RangeTLA[5]和算法 LIABLI[6]是网络链路丢包率推理的经典算法。算法名称与描述如表 9–2 所示。

表 9–2　算法名称与描述

算法名称	算法描述
NTLA	本研究提出的网络拓扑感知的电力通信网链路丢包率推理算法
RangeTLA	参考文献［5］提出的链路丢包率推理算法，该算法以瓶颈链路共享数量的多少进行排序，并将瓶颈链路共享较多的链路作为拥塞链路

算法名称	算法描述
LIABLI	参考文献［6］提出的链路丢包率推理算法，该算法根据链路构成的单连接树的关联关系，自底向上地将链路构成的图划分为多个 family 集合，并选取 family 集合中通过率较高的链路作为正常链路

在 Waxman、Barabasi-Albert 两种网络拓扑环境下，将本研究算法 NTLA 与其进行了比较，比较指标包括拥塞链路检测率、拥塞链路误判率、链路通过率绝对误差、链路通过率误差因子、算法推理时长。各个指标的计算方法如式（9-22）至式（9-25）所示，其中，ξ 表示拥塞链路集合，ψ 表示推理出的拥塞链路集合，α 表示拥塞链路的通过率，β 表示推理出的链路通过率，δ 表示链路通过率的最小值，与参考文献［16］相同，$\delta = 10^{-3}$。

$$拥塞链路检测率 = \frac{|\xi \cap \psi|}{|\xi|} \times 100\% , \tag{9-22}$$

$$拥塞链路误判率 = \frac{|\psi \backslash \xi|}{|\psi|} \times 100\% , \tag{9-23}$$

$$链路通过率绝对误差 = \sum_L |\alpha - \beta| , \tag{9-24}$$

$$链路通过率误差因子 = \max\left\{\frac{\max(\alpha,\delta)}{\max(\beta,\delta)}, \frac{\max(\beta,\delta)}{\max(\alpha,\delta)}\right\}。 \tag{9-25}$$

9.5.2　性能分析

（1）拥塞链路检测率、拥塞链路误判率分析

拥塞链路检测率、拥塞链路误判率、算法的推理时长实验结果如图 9-3 至图 9-5 所示，x 轴表示网络链路的拥塞率在 5%～15% 变化时的网络拓扑环境，y 轴表示拥塞链路检测率、拥塞链路误判率、推理时长。从图 9-3 至图 9-5 可知，随着网络链路的拥塞率增加，3 种算法的检测性能都有所下降，但是性能比较稳定。

在拥塞链路检测率方面，算法 RangeTLA 在 Waxman、Barabasi-Albert 两种网络拓扑环境下都降低较多，而本研究算法 NTLA 在 Waxman、Barabasi-Albert 两种网络拓扑环境下的拥塞链路检测率比较稳定，相对于已算法平均提高了约 5%。所以，在拥塞链路检测率方面，本研究算法 NTLA 取得了较高的检测率。

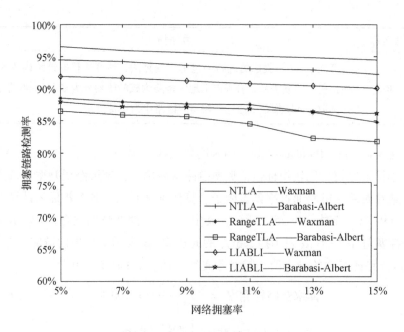

图 9-3　拥塞链路检测率比较

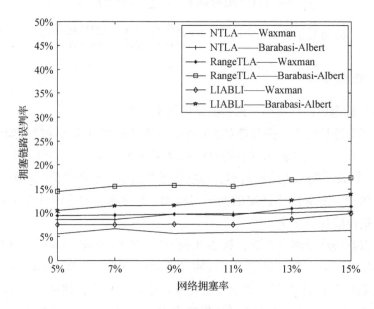

图 9-4　拥塞链路误判率比较

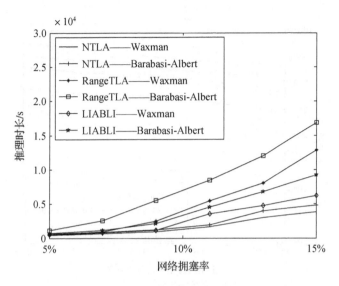

图 9-5　推理时长的比较

在拥塞链路误判率方面，算法 NTLA 在 Waxman、Barabasi-Albert 两种网络拓扑环境下的拥塞链路误判率比较稳定，相对于已算法平均提高了约 8%。所以，在拥塞链路误判率方面，本研究算法 NTLA 取得了较低的误判率。

在算法的推理时长方面，算法 NTLA 在 Waxman、Barabasi-Albert 两种网络拓扑环境下的算法的推理时长比较稳定，而算法 RangeTLA 在 Waxman、Barabasi-Albert 两种网络拓扑环境下推理时长增加较快。

（2）链路通过率绝对误差、链路通过率误差因子分析

链路通过率绝对误差、链路通过率误差因子分析实验结果如图 9-6 和图 9-7 所示，x 轴分别表示链路通过率绝对误差均值、链路通过率误差因子。图 9-6 的 y 轴表示链路通过率绝对误差的结果值占比，使用式（9-26）计算。

$$链路通过率绝对误差的结果占比 = \frac{\mu}{\nu} \times 100\% 。 \qquad (9-26)$$

其中，ν 表示链路通过率绝对误差值出现的次数，μ 表示某个链路通过率绝对误差值出现的次数。

图 9-7 的 y 轴表示链路通过率误差因子的结果值占比。从式（9-18）可知，链路通过率误差因子的取值大于 1，并且越接近 1 说明链路通过率误差因子越小，性能越好。

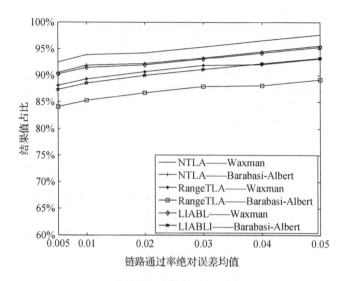

图9-6 链路通过率绝对误差的结果值占比

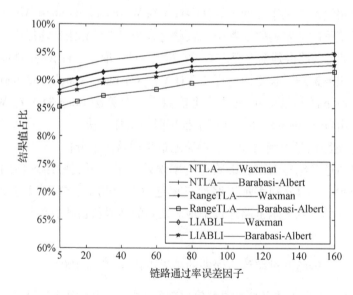

图9-7 链路通过率误差因子的结果值占比

在链路通过率绝对误差方面，算法 RangeTLA 在 Waxman、Barabasi-Albert 两种网络拓扑环境下链路通过率绝对误差较高，而本研究算法 NTLA 在 Waxman、Barabasi-Albert 两种网络拓扑环境下的链路通过率绝对误差较低。

在链路通过率绝对值误差均值为 0.005 时，本研究算法比传统算法提高了约 5% 。

　　在链路通过率误差因子方面，3 种算法的链路通过率误差因子小于 5 的结果占比都大于 85% ，本研究算法大于 91% 。算法 NTLA 在 Waxman、Barabasi-Albert 两种网络拓扑环境下的，相对于已算法平均提高了约 7% 。

　　（3）网络拓扑对算法的影响分析

　　从图 9-3 至图 9-7 可知，3 种算法在 Waxman 网络拓扑环境下的性能都优于在 Barabasi-Albert 网络拓扑环境下的性能。这是因为相对于 Barabasi-Albert 网络拓扑环境，Waxman 网络拓扑环境节点的度数小，探测包含的链路数量较多，共享链路较少，从而探测中包含较少的不确定链路，所以算法性能较好。

　　3 种算法中，算法 RangeTLA 受网络拓扑的影响最大，这是由于算法 RangeTLA 将瓶颈链路共享较多的链路判定为拥塞链路，而在 Barabasi-Albert 网络拓扑环境中，共享链路较多。所以，在 Barabasi-Albert 网络拓扑环境中，算法 RangeTLA 的性能较差。

　　算法 LIABLI 首先将网络拓扑划分为多个 family，降低了网络拓扑特点对算法性能的影响，所以算法 LIABLI 性能比算法 RangeTLA 有所提升。

　　相对于算法 RangeTLA 和算法 LIABLI，本研究基于网络拓扑的历史数据特性，较好地利用了网络拥塞的相关历史数据，降低了算法对网络的特殊要求，所以算法性能比传统算法有所提升。

9.6　本章小结

　　快速准确地判定链路丢包率，对于电力通信网的可靠运营非常重要。为了解决链路丢包率推理算法中多次探测增加网络负荷及算法的推算精度需进一步提高的问题，已有研究已经取得了较多的研究成果，但是，当探测中包含多个共享链路时，已有研究采用限制条件来推理链路丢包率，影响准确率。为解决此问题，本研究基于网络运行的历史数据和网络拓扑特征建立网络模型，提出了网络拓扑感知的电力通信网链路丢包率推理算法。通过仿真实验，验证了本研究算法相对于已有算法，在丢包率的检测率和准确率方面都取得了较好的结果。从研究结果可知，当网络拓扑中存在较多的共享链路时，丢包率的推理性能需进一步提升。下一步工作中，将从探测路径选择算法方面进行深入研究，从而更好地解决共享链路对丢包率推理算法性能的影响。

参考文献

［1］潘胜利，张志勇，费高雷，等. 网络链路性能参数估计的层析成像方法综述［J］. 软件学报，2015，26（9）：2356 – 2372.

［2］LAWRENCE E，MICHAILIDIS G，NAIR V，et al. Network tomography：a review and recent developments［J］. Frontiers in statistics，2005（9）：345 – 366.

［3］CHEN Y，BINDEL D，SONG H. Network tomography：Identifiability and fourier domain estimation［C］//Proc. IEEE International Conference on Computer Communications，2007：1875 – 1883.

［4］ADAMS A，BU T，FRIEDMAN T，et al. The use of end-to-end multicast measurements for characterizing internal network behavior［J］. IEEE communications magazine，2000，38（5）：152 – 159.

［5］ZARIFZADEH S，GOWDAGERE M，DOVROLIS C. Range tomography：combining the practicality of Boolean tomography with the resolution of analog tomography［C］//Bullard C，ed. Proc. of the 12th ACM Internet Measurement Conf. Boston：ACM Press，2012：385 – 398.

［6］QIAO Y，QIU X，MENG L，et al. Efficient loss inference algorithm using unicast end-to-end measurements［J］. Journal of network and systems management，2013，21（2）：169 – 193.

［7］陈宇，周巍，段哲民，等. 一种 IP 网络拥塞链路丢包率范围推断算法［J］. 软件学报，2017，28（5）：1296 – 1314.

［8］TSANG Y，YILDIZ M，BARFORD P，et al. Network radar：tomography from round trip time measurements［C］//Proc. of the ACM SIGCOMM Conf. on Internet Measurement 2004. Taormina：ACM Press，2004：175 – 180.

［9］NGUYEN H X，THIRAN P. The Boolean solution to the congested IP link location problem：Theory and practice［C］//Proc. of the IEEE Int'l Conf. on Computer Communications，INFOCOM 2007. Alaska：IEEE，2007：2117 – 2125.

［10］DUFFIELD N G. Simple network performance tomography［C］//Proc. of the ACM SIG-COMM Conf. on Internet Measurement，IMC 2003. Miami Beach：ACM，2003：210 – 215.

［11］AUGUSTIN B，FRIEDMAN T，TEIXEIRA R. Measuring multipath routing in the Internet

［J］. IEEE/ACM Trans. on networking, 2011, 19 (3): 830 - 840.

［12］ HAN J, KAMBER M, PEI J. Data mining: concepts and techniques ［M］. San Francisco: Morgan Kaufmann, 2006.

［13］ LAI Y J, LIU T Y, HWANG C L. Topsis for MODM ［J］. European journal of operational research, 1994, 76 (3): 486 - 500.

［14］ WAXMAN B M. Routing of multipoint connections ［J］. IEEE journal on selected areas in communications, 1989, 6 (9): 1617 - 1622.

［15］ BARABÁSI A L, ALBERT R. Emergence of scaling in random networks ［J］. Science, 1999, 286 (5439): 509 - 512.

［16］ ALBERT R, BARABÁSI A L. Topology of evolving networks: local events and universality ［J］. Physical review letter, 2000, 85 (24): 5234 - 5237.

［17］ QIAO Y, JIAO J, RAO Y, et al. Adaptive path selection for link loss inference in network tomography applications ［J］. PLoS ONE, 2016, 11 (10): 1 - 21

［18］ 陈宇, 温欣玲, 段哲民, 等. 一种大规模 IP 网络多链路拥塞推理算法 ［J］. 软件学报, 2017, 28 (7): 1815 - 1834.

第 10 章　网络虚拟化环境下虚拟网服务故障诊断算法

在网络虚拟化环境下，为了解决底层网络信息对服务提供商不可见性造成的虚拟网服务故障难以定位的问题，提出了网络虚拟化环境下的服务故障传播模型；为了解决故障集合与症状集合较大导致诊断算法性能低的问题，提出了基于症状内在相关性的虚拟网服务故障诊断算法 SFDoIC。仿真实验结果表明，本章提出的算法 SFDoIC 能够较好地解决当前虚拟网服务故障诊断中存在的问题。

10.1　研究现状和存在问题

网络虚拟化是一个比较新的研究领域[1-3]，当前网络虚拟化相关研究主要集中在虚拟网映射算法方面[4-7]，虚拟网故障管理相关的研究文献较少。存在的与虚拟网故障管理相关的研究成果包括参考文献［8-10］。参考文献［8］使用路由器迁移技术解决网络故障问题，提出了能够实现快速迁移的路由器体系结构。参考文献［9］基于自主计算理论设计了每个网络节点的体系结构，使每个网络节点都具有自主管理的能力；网络节点能够根据网络环境的变化采取优化措施，提高了网络性能。参考文献［10］考虑到不同底层网络的异构性导致的虚拟网上端到端服务性能难以分析的问题，提出了网络虚拟化环境下的端到端服务性能分析模型，该模型对诊断异构底层网络环境下的故障具有重要的参考价值。

综上所述，网络虚拟化环境下的故障管理方面已经取得了一些重要的研究成果。但是与现有网络相比，在网络虚拟化环境下，网络服务提供商被划分为基础设施提供商和服务提供商。当基础设施提供商和服务提供商分别属于不同的组织时，基础设施提供商负责底层网络的建设和运营，服务提供商租用底层网络资源，创建虚拟网络，并在虚拟网络上部署服务。这些变化导致当前的虚拟网服务故障诊断存在两个难题。

①由于底层网络信息对 SP 是不可见的，因此 SP 不可能诊断所有的故障。底层网络信息对 SP 不可见是指底层网络设备的运行情况、底层设备发生故障的先验概率、虚拟网设备与底层网络设备的映射关系[4-7]等信息，对于 SP 都是不可知的。底层网络的操作和管理、底层网络与虚拟网的映射信息维护等都是 InP 的职责。SP 只负责管理自己的虚拟设备和虚拟网上承载的服务。当虚拟网上承载的服务出现异常时，如果此异常与底层网络资源相关，SP 就不能准确定位这些异常的根源，需要将异常相关信息发送给 InP，InP 根据自己接收到的信息进行故障诊断及故障修复。

②症状集中包含的症状和故障集中包含的故障较多，导致故障诊断算法的运行时间较长。在现有网络中，一个网络上承载着多个服务[11]。但是网络虚拟化环境下，一个底层网络上会同时映射多个虚拟网，每个虚拟网上又承载着多个服务。所以，故障集合和症状集合的规模都快速增长，故障诊断花费的时间会较长。

为了更好地解决这两个问题，寻找合适的解决问题的方法，下文将介绍与本章内容相关的互联网和承载网中的服务故障诊断相关研究。

在互联网服务故障诊断方面，参考文献［11］分析了服务故障管理中存在的问题，提出分层故障管理模型，使用二分贝叶斯网作为各层的故障传播模型。针对网络的噪声和动态性特点，提出噪声的过滤算法和基于贝叶斯的故障诊断算法。为了解决大规模和有噪声环境下诊断时间复杂度高的问题，参考文献［12］提出了基于贝叶斯网条件独立属性的探测集合选择算法。实验结果表明，提出的算法在不降低诊断性能的前提下，极大地减少了诊断时间开销。为了降低服务动态性对故障诊断算法性能造成的影响，参考文献［13］分析了互联网服务的动态性，提出了先验故障概率和故障传播模型的更新方法，获得了较好的诊断结果。为了降低参考文献［14］中诊断算法的时间复杂度，参考文献［15］基于参考文献［16］中提出的故障疑似度函数定义，提出了一种基于贝叶斯疑似度的启发式故障定位算法，诊断算法的时间复杂度减少为 $o(|F| \times |S|)$，其中，$|F|$ 表示故障集合 F 中包含的故障数量，$|S|$ 表示症状集合 S 中包含的症状数量。

关于承载网的故障诊断也是一个新的研究热点（关于承载网和网络虚拟化的区别，可以查阅参考文献［2-3］）。参考文献［16］提出了承载网络环境下分层的故障传播模型，为了提高诊断效率，将被动诊断和主动探测相结合，提出了基于增量告警的故障诊断算法。为了克服网络规模庞大和精确定位故障难度大的问题，参考文献［17］提出基于组件的信任推理算法。参考文献［18］在参考文献［17］的基础上引入主动探测，提高了服务故障诊断的准确率，降低了误报率。

通过对相关文献的分析，考虑到当前存在的研究不能解决网络虚拟化环境下底层信息的不可访问、故障集合和症状集合较大两个难题，本章做了以下两个方面的贡献。

①为了解决底层网络信息对服务提供商不可见造成的虚拟网服务故障难以定位的问题，提出了基于映射关系的服务故障传播模型，并且基于虚拟网络资源和底层网络资源之间的映射关系，对服务故障传播模型进行了简化。

②为了解决症状集中包含的症状和故障集中包含的故障较多，导致故障诊断时间较长的问题，提出了基于症状内在相关性的故障集合过滤子算法。对参考文献［16］中提出的故障贡献度计算方法进行改进，使其适应网络虚拟化环境，提出基于贡献度的启发式故障诊断子算法。基于症状内在相关性的故障集合过滤子算法和基于贡献度的启发式故障诊断子算法共同构成了基于症状内在相关性的虚拟网服务故障诊断算法。

10.2　虚拟网服务故障诊断算法

10.2.1　故障传播模型的建立

故障传播模型是用来反映组件和服务中所有可能的故障和症状及其之间关联关系的模型。因为二分图不但具有一定的建模能力，而且又具有较低的计算复杂度，本研究采用基于概率加权的二分图表示故障与症状之间的关系。

为了让读者比较直观地理解本章建立故障传播模型的过程，在描述时给出了一个网络虚拟化环境的例子，如图 10-1 所示，基于该例子来描述故障传播模型的建立过程。

在图 10-1 的网络虚拟化环境举例中，底层网络上承载了两个虚拟网，即 VN1、VN2。假设 VN1 上承载服务 S_1^{VN1}、S_2^{VN1}，VN2 上承载服务 S_1^{VN2}、S_2^{VN2}。其中，服务 S_1^{VN1} 由虚拟节点 a_1、虚拟链路 $a_1 - b_1$、虚拟节点 b_1 共同承载，简记为 $S_1^{VN1} = a_1 \rightarrow b_1$；同理，服务 S_2^{VN1}、S_1^{VN2}、S_2^{VN2} 可以分别被简记为：$S_2^{VN1} = a_1 \rightarrow c_1 \rightarrow d_1$；$S_1^{VN2} = a_2 \rightarrow e_2 \rightarrow d_2$；$S_2^{VN2} = b_2 \rightarrow d_2 \rightarrow e_2$。

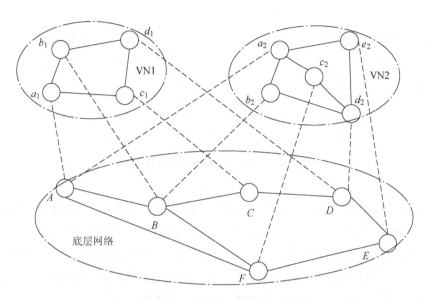

图 10-1　网络虚拟化环境举例

　　图 10-1 中 VN1 和 VN2 上的服务建立虚拟网的服务故障传播模型如图 10-2 所示。其中下层节点表示故障，上层节点表示症状（由于症状和故障关系比较多，为了简化图形，本章仅仅描述节点故障，链路故障与节点故障的描述类似）。例如，图 10-2（a）中，上层表示 VN1 的两个服务 S_1^{VN1} 和 S_2^{VN1} 的症状 s_1^{VN1}、s_2^{VN1}，下层表示能产生这两个症状的相关故障；图 10-2（b）中，上层表示 VN2 的两个服务 S_1^{VN2} 和 S_2^{VN2} 的症状 s_1^{VN2}、s_2^{VN2}，下层表示能产生这两个症状的相关故障。下层节点和上层节点之间的连线值表示故障发生时，症状发生的概率，又叫条件概率。如果网络没有噪声并且网络模型准确，故障和症状之间的连线值为 1，否则为（0，1]。例如图 10-2（a）中，故障 a_1 与症状 s_1^{VN1} 的连线值为 0.7，表示当故障 a_1 发生时，症状 s_1^{VN1} 发生的概率是 0.7；故障 a_1 与症状 s_2^{VN1} 的连线值为 0.8，表示当故障 a_1 发生时，症状 s_2^{VN1} 发生的概率是 0.8。

　　在网络虚拟化环境下，虚拟组件承载在底层组件之上，所以虚拟组件发生故障的先验概率等于承载其底层组件的先验概率。当基础设施提供商与服务提供商分别属于不同的组织时，由于底层网络信息对服务提供商是不可见的，服务提供商不知道底层组件发生故障的先验概率，所以，每个虚拟组件发生故障的先验概率也不可知，导致服务提供商不能定位与底层组件相关的

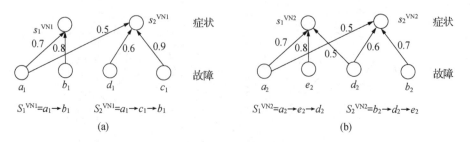

图 10-2　虚拟网的服务故障传播模型

虚拟网服务故障。当服务提供商不能定位故障时，需要将其上面的不能被诊断的异常信息发送给基础设施提供商，由基础设施提供商进行故障诊断。基础设施提供商接收到服务提供商上报的信息后，根据虚拟网在底层网络上的映射关系，找到承载当前服务的底层节点和底层链路资源。在基础设施提供商查找虚拟资源对应的底层资源时，包括节点资源映射和链路资源映射两个过程：

①节点映射：一个虚拟节点被映射在一个底层节点上，例如，在图 10-1 中，虚拟节点 a_1 被映射在底层节点 A 上；

②链路映射：虚拟链路被映射到底层链路上时，会存在两种情况。即一条虚拟链路被映射在一条底层链路上；或者一条虚拟链路被映射在由多条底层链路组成的底层路径上。例如，在图 10-1 中，虚拟链路 $a_1 - b_1$ 被映射在底层链路 $A - B$ 上；但是，虚拟链路 $a_1 - c_1$ 被映射在由底层链路 $A - B$ 和底层链路 $B - C$ 组成的底层路径 $A - B - C$ 上。

综上所述，根据虚拟网和底层网络的映射关系，网络虚拟化环境下的服务故障传播模型如图 10-3 所示。

图 10-3 中的上两层描述了虚拟网上的症状与故障之间的服务故障传播模型，下两层描述了虚拟资源到底层资源之间的映射关系。为了进行故障诊断，需要将图 10-3 进行化简为可用于故障诊断的服务故障传播模型。在化简时，本章将虚拟资源导致症状的条件概率直接传递给承载它的底层网络资源。例如，在图 10-3 中，s_1^{VN1} 和 a_1 之间的条件概率为 0.7，化简后，s_1^{VN1} 和 A 之间的条件概率为 0.7。化简后的服务故障传播模型如图 10-4 所示。

从图 10-1 可以看出，一个底层网络上同时承载多个虚拟网，每个虚拟网上承载多个服务，导致故障集合和症状集合的规模都比较大（图 10-3），增加了服务故障传播模型的复杂度（图 10-4），使现有故障诊断算法的诊断时间变长。为解决这个问题，本章提出一种新的基于症状内在相关性的虚拟网服务故障诊断算法（Service Fault Diagnosis Algorithm based on Inherent Correlation Among Symptoms，SFDoIC），下一节将对该算法进行详细描述。

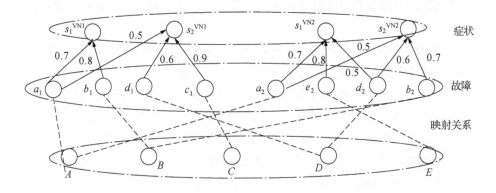

图 10-3　基于映射关系的服务故障传播模型

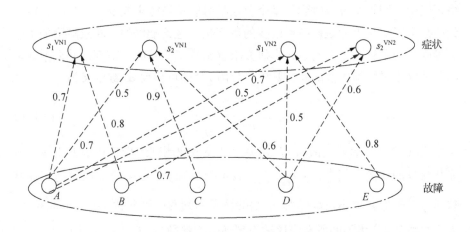

图 10-4　化简后的服务故障传播模型

10.2.2　基于症状内在相关性的虚拟网服务故障诊断算法

基于症状内在相关性的虚拟网服务故障诊断算法 SFDoIC 包括基于症状内在相关性的故障过滤子算法（Fault Filter Algorithm based on Internet Correlation Among Symptoms，FFoIC）和基于贡献度的启发式故障诊断子算法（Heuristic Fault Diagnosis Algorithm based on Contribution Degree，HFDoCD）。下面将对两个子算法进行详细描述。

为了降低计算复杂度，提高故障诊断算法的性能，本节提出基于症状内在相关性的故障集合过滤算法对虚假故障进行过滤。首先给出症状内在相关性的定义如下。

症状内在相关性：指同一个虚拟网不同服务的异常信息、不同虚拟网服务的异常信息都会由同一个底层网络组件故障导致。

当一个端到端的虚拟网服务出现异常时，该虚拟网服务经过路径上的任何一个虚拟节点（或虚拟链路）不能执行其所要求功能的状态，都可能是导致当前虚拟网服务出现异常的原因，这些不能执行其所要求功能的虚拟节点（或虚拟链路）的状态构成当前虚拟网服务出现异常的故障集合 F。由服务故障传播模型图 10-4 可知，每个故障一般都与多个症状相关。在没有噪声的网络环境中，如果当前的故障发生，与其相关的所有负症状都会发生，可以根据观测到的负症状准确诊断出发生的故障。但是，在有噪声的网络环境中，网管系统接收到的某个负症状可能是被噪声改变的正症状，接收到的某个正症状可能是被噪声改变的负症状，这给准确的诊断故障增加了一定难度。为了解决这个问题，本研究求解出每个故障的可信度，并根据故障的可信度来过滤掉虚假故障。其中，故障 f_i^{SN} 的可信度 α_i 被定义为

$$\alpha_i = \frac{num_{f_i^{SN} \to S_{O_{f_i^{SN}}}}}{num_{f_i^{SN} \to S_{f_i^{SN}}}}。 \tag{10-1}$$

式（10-1）表示与故障 f_i^{SN} 相关的已经被观测到的症状数量占应该出现症状数量的比例。其中，$num_{f_i^{SN} \to S_{O_{f_i^{SN}}}}$ 表示与故障 f_i^{SN} 相关的被观测到的症状数量，$f_i^{SN} \to S_{O_{f_i^{SN}}}$ 表示由故障 f_i^{SN} 引起的被观测到的所有症状 $S_{O_{f_i^{SN}}}$，$num_{f_i^{SN} \to S_{f_i^{SN}}}$ 表示与故障 f_i^{SN} 相关的所有应该被观测到的症状数量，$f_i^{SN} \to S_{f_i^{SN}}$ 表示由 f_i^{SN} 引起的所有应该被观测到的症状 $S_{f_i^{SN}}$。

通过计算获得故障集合 F 中每个故障 f_i^{SN} 的可信度 α_i 之后，对 F 中的故障进行过滤。如果 α_i 大于等于故障的可信度阈值 χ，可以认为当前的故障可能发生，并将其加入到疑似故障集合 F' 中，否则，认为当前的故障没有发生。其中，故障可信度阈值 χ 的取值范围为 $0 \leq \chi \leq 1$，可以根据故障诊断结果对其进行调整。当 χ 被设置为较大值时，故障集合能够覆盖的故障较

少。反之，故障集合能够覆盖的故障较多。例如，假设与故障 f_i^{SN} 相关的被观测到的症状数量是 2，与故障 f_i^{SN} 相关的所有应该被观测到的症状数量是 6，则故障 f_i^{SN} 的可信度 α_i 为 0.33，当故障可信度阈值 χ 的取值为 0.5 时，由于 0.33 < 0.5，故障 f_i^{SN} 被过滤；但是，当故障可信度阈值 χ 的取值为 0.3 时，由于 0.33 > 0.3，故障 f_i^{SN} 被将加入到疑似故障集合中。

本章提出的基于症状内在相关性的故障集合过滤算法如算法 1 所示。

算法 1 的第 2 步到第 4 步用于计算每个故障的可信度 α_i。在计算底层网络第 i 个组件的故障 f_i^{SN} 相关的所有应该被观测到的症状个数时，底层网络可以知道每个底层组件上承载几个虚拟组件，但是，每个虚拟组件上承载的服务个数对于底层网络是不可知的。为了使计算得出的每个故障的可信度更加有效的反映真实情况，在计算底层组件的故障导致症状数量时，基于症状内在相关性，同一个虚拟网内由相同的底层组件导致的服务症状仅仅考虑为单个症状。

例如，图 10-3 中虚拟组件 a_1 被映射在底层组件 A 上，a_1 上承载虚拟网 VN1 的两个服务 S_1^{VN1} 和 S_2^{VN1}，所以在计算底层组件 A 的故障导致的症状数量时，仅仅计算为 1 个症状。

算法 1 的第 5 步将故障的可信度大于等于 χ 的故障放入疑似故障集合 F' 中，其他故障被过滤掉。为了使虚假故障过滤后，还能保证所有的症状 s 都能够被相关故障解释，提高故障诊断的准确率，算法中的第 7 步和第 8 步选择故障，对疑似故障集合 F' 中的故障不能解释的已观测症状进行解释。算法 1 如下。

算法 1：基于症状内在相关性的故障集合过滤算法。

输入：观测到的症状集合 S_O；故障集合 F。

输出：疑似故障集合 F'。

第 1 步：取出 F 中的故障 f_i^{SN}，其中，$f_i^{SN} \in F$ 表示底层网络上底层组件 i 的故障；

第 2 步：计算 f_i^{SN} 相关的被观测到的症状个数 $num_{f_i^{SN} \to s_{O f_i^{SN}}}$；

第 3 步：计算 f_i^{SN} 相关的所有应该被观测到的症状个数 $num_{f_i^{SN} \to s_{f_i^{SN}}}$；

第 4 步：使用公式（10-1）计算故障 f_i^{SN} 的可信度 α_i；

第 5 步：如果有 $\alpha_i \geq \chi$，则将 f_i^{SN} 放入到集合 F'；

第 6 步：如果 F 集合不空，转第 1 步；

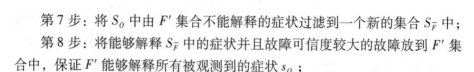

第7步：将 S_0 中由 F' 集合不能解释的症状过滤到一个新的集合 $S_{\bar{F}}$ 中；

第8步：将能够解释 $S_{\bar{F}}$ 中的症状并且故障可信度较大的故障放到 F' 集合中，保证 F' 能够解释所有被观测到的症状 s_0；

第9步：返回疑似故障集合 F'。

运行虚假故障过滤算法后，F' 相对较小，但是底层网络接收到的是所有虚拟网服务症状，所以症状集合会比较大。如果直接求包含所有症状 s 并且故障数量最少的故障集合，计算复杂度为 $o(|F| \times |S|^2)$ [11]。因此，基于参考文献 [16] 中提出的计算每个故障 f_i^{SN} 贡献度的方法，将网络虚拟化环境下故障 f_i^{SN} 的贡献度定义为

$$C(f_i^{SN}) = \frac{\sum_{s_i^{VNj} \in S_{O f^{SN}}} \mu(f_i^{SN} \mid s_i^{VNj})}{\sum_{s_i^{VNj} \in S_{f^{SN}}} \mu(f_i^{SN} \mid s_i^{VNj})}。 \tag{10-2}$$

其中，

$$\mu(f_i^{SN} \mid s_i^{VNj}) = \frac{p(s_i^{VNj} \mid f_i^{SN}) p(f_i^{SN})}{\sum_{f_i^{SN} \in F_{s_i^{VNj}}} p(s_i^{VNj} \mid f_i^{SN}) p(f_i^{SN})}。 \tag{10-3}$$

$p(f_i^{SN})$ 表示故障 f_i^{SN} 的先验概率；$p(s_i^{VNj} \mid f_i^{SN})$ 表示在故障 f_i^{SN} 发生时，症状 s_i^{VNj} 发生的条件概率；$S_{O f_i^{SN}}$ 表示由 f_i^{SN} 产生并且被观测到的症状；$S_{f_i^{SN}}$ 表示由 f_i^{SN} 产生的所有的症状；$F_{s_i^{VNj}}$ 表示能够引起 s_i^{VNj} 的所有的故障。

在描述故障诊断算法前，先说明本章故障诊断使用的假设：

Noisy-OR 模型[19]，即引起某个症状的多个故障相互独立，并且任何一个故障的发生都将引起该症状的发生；

故障独立假设，即不同故障之间相互独立；

多个故障同时发生的概率比单个故障发生的概率低[20]；

基于贡献度的启发式故障诊断算法如算法 2 所示。

算法 2 首先计算故障集合中所有故障的贡献度并降序放入队列 h 中（第 1 步）。算法的第 2 步到第 6 步，从队列 h 中依次取出故障 f_i^{SN}，用 f_i^{SN} 对观测到的症状集合 S_0 中的症状进行解释，直到症状集合 S_0 为空。在算法第 4 步中，当多个 f_i^{SN} 的贡献度一样大时，取新产生症状数较多的一个。如果仍然相同，则将多个 f_i^{SN} 都加入故障集。

算法 2：基于贡献度的启发式故障诊断算法。

输入：疑似故障集合 F'；观测到的症状集合 S_0。

输出：准确的故障集合 F''。

第 1 步：使用式（10-2）计算 F' 中的每个 f_i^{SN} 的贡献度，并降序排列放入队列 h 中；

第 2 步：取出队首 f_i^{SN}；

第 3 步：如果 f_i^{SN} 的贡献度是最大的，转第 5 步；

第 4 步：如果存在多个 f_i^{SN} 的贡献度相同，将其全部从 h 中取出，计算它们能够识别的所有症状 s_i^{VNj} 与症状集合 S_0 的交集，将能够产生交集但是这些交集被其他交集包含的 f_i^{SN} 去掉，剩余的 f_i^{SN} 加入 F'' 中，并删除这些 f_i^{SN} 在症状集合 S_0 中的所有交集，转第 6 步；

第 5 步：如果 f_i^{SN} 可以产生的症状与症状集合 S_0 有交集，将这个交集从 S_0 中删除，并将 f_i^{SN} 加入到 F'' 中；

第 6 步：判断 S_0 是否为空，如果 S_0 不空，转第 2 步；

第 7 步：返回 F''。

例如，图 10-5 中，假设 f_1 的贡献度是 0.75，并且是当前故障集合中贡献度最大的故障，则将 f_1 放入准确的故障集合 F'' 中，删除症状集合 S_0 中与 f_1 相关的症状 s_1、s_2、s_3。之后，h 集合中出现 3 个贡献度都是 0.67 的故障 f_2、f_3、f_4。其中与 f_2 相关的症状包括 s_2、s_4、s_5，假设症状集合 S_0 中出现了 s_4，则症状集合 S_0 中与 f_2 相关的症状为 s_4。与 f_3 相关的症状包括 s_4、s_5、s_6，假设症状集合 S_0 中出现了 s_4、s_6，则症状集合 S_0 中与 f_3 相关的症状为 s_4、s_6。与 f_4 相关的症状包括 s_7、s_8、s_9，假设症状集合 S_0 中出现了 s_7、s_9，则症状集合 S_0 中与 f_4 相关的症状为 s_7、s_9。所以，加入 F'' 集合的故障为 f_3、f_4，同时，删除症状集合 S_0 中的 s_4、s_6、s_7、s_9。

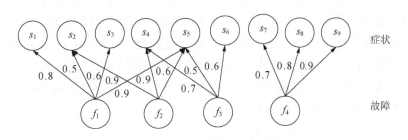

图 10-5　选择故障集合方法举例

10.2.3 时间复杂度分析

本章算法的运行时间包括故障集合过滤和故障诊断两部分。在故障集合过滤时，需要计算每个故障相关的症状数，故障集合过滤时间复杂度为 $o(|F| \times |S|)$。在故障诊断时，逐个计算疑似故障集合 F' 中每个疑似故障的贡献度，故障诊断时间复杂度为 $o(|F'| \times |S|)$。所以，整个算法的时间复杂度为 $o(|F'| \times |F| \times |S|^2)$。但是，一般情况下，疑似故障集合 F' 中包含的故障数量远远小于 F 中包含的故障数。所以，本章算法的时间复杂度为 $o(|F| \times |S|^2)$。

10.3 性能评估

10.3.1 实验环境

（1）网络环境

本章使用 GT-ITM[21] 工具生成网络虚拟化环境下的底层网络拓扑。底层网络拓扑包含 300 个节点，节点之间的链路使用 Locality 方法生成，任意两个节点之间存在链路的概率是 0.3，链路中长边的数量相对于短边的数量的比值设置为 0.01，每个节点可以与半径为 0.2 范围内的其他节点进行连接。从底层网络的底层节点中选择部分节点作为虚拟节点构成虚拟网络，产生的虚拟网络规模包括 5 个虚拟网和 20 个虚拟网两种，每个虚拟网的节点个数在 5 和 50 之间变化。

对于每个虚拟网络，从中选取 20% 的节点作为源节点，对于每一个源节点，随机选择 3 个节点作为目的节点。在每一对源节点和宿节点之间，使用最短路径算法生成路由，模拟一个端到端的服务。网络生成和路由确定后，根据故障传播模型部分的描述方法建立故障传播模型，底层网络组件发生故障的先验概率的取值范围是 [0.001，0.01]，故障发生时导致症状发生的条件概率在 (0，1) 内均匀分布。

（2）故障注入和噪声注入

为了注入故障，每个组件以自己的先验概率独立中断，使用贪婪搜索方法[22-23]产生用于测试端到端服务的主动探测集合。当探测到有故障发生时，探测节点将故障发送到监控中心。

将异常症状加入负症状集 S_N ，再从中选择 $P_{loss} \times |S_N|$ 个症状为丢失症状从 S_N 中移除，其中， P_{loss} 表示症状丢失率，仿真中取值是 0.05。从正常症状中选择 $P_{false} \times |S_N|$ 个症状为虚假症状加入 S_N ，即得出最终负症状集 S_N ，其中， P_{false} 表示虚假症状率，仿真中取值是 0.05， $|S_N|$ 表示 S_N 中包括的症状个数。

10.3.2　评价指标

本章使用 Accuracy 和 False Positive 两个评价指标，Accuracy 和 False Positive 的定义如下：

$$\text{Accuracy} = \frac{|H \cap F|}{|F|}, \tag{10-4}$$

$$\text{False-Positive} = \frac{|H \cap \overline{F}|}{|F|}。 \tag{10-5}$$

其中，F 表示真实的故障集合。$\overline{F}$ 表示组件本身没有故障，但是被诊断为有故障。H 表示使用诊断算法得到的故障集合。

10.3.3　性能分析

性能分析包括两部分：①验证本章提出的算法 SFDoIC 可以解决底层网络信息对服务提供商不可见性造成的虚拟网服务故障难以定位的问题；②将算法 SFDoIC 和传统算法进行比较，验证 SFDoIC 可以解决症状集包含的症状和故障集中包含的故障较多导致故障诊断的时间复杂度较高的问题。

（1）算法性能分析

为了分析本章算法解决虚拟网服务故障难以定位问题的效果，比较了 5 个虚拟网和 20 个虚拟网两种环境下算法的性能。实验结果如图 10-6 至图 10-8 所示。由图 10-6 可知，20 个虚拟网环境下算法准确率的平均值比 5 个虚拟网环境下降低了 0.44% 。但是，从图 10-7 可知，20 个虚拟网环境下算法的误报率比 5 个虚拟网环境下降低了 0.36% 。所以，网络规模对算法诊断结果的准确率、误报率影响较小。从图 10-8 可知，20 个虚拟网络规模时，算法的运行时间较长。因为虚拟网络数量的增加，使虚拟网上承载的服务总数增加较快，较多的症状信息被发送给 InP，导致故障和症状数量快速增加。可以通过提高算法运行环境的硬件配置，来提高算法的效率。

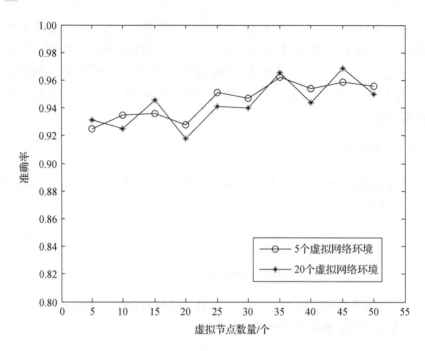

图 10-6 网络规模对算法准确率的影响

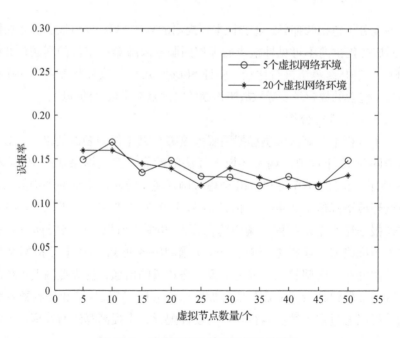

图 10-7 网络规模对算法误报率的影响

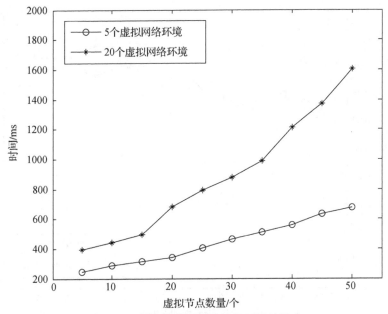

图 10-8　网络规模对算法运行时间的影响

（2）与相关算法比较

为了验证本章提出的基于症状内在相关性的故障过滤子算法性能，比较了 5 个虚拟网环境下算法 SFDoIC 和 SFDoIC-no-Fliter 的诊断结果。SFDoIC-no-Fliter 是不包含故障过滤子算法的诊断算法，被用来模拟传统的诊断算法。实验结果如图 10-9 至图 10-11 所示。

从准确率的实验结果图 10-9 可知，两个算法的准确率都在 95% 左右，都取得了较好的诊断结果。说明两种算法都能很好地定位故障，也说明本章的过滤算法并没有过滤掉多个导致症状发生的故障。从图 10-10 可知，SFDoIC-no-Fliter 误报率的平均值比 SFDoIC 误报率的平均值高出 2.46% ，主要原因是网络虚拟化环境下，症状和故障数量较多，关系较复杂，同时，由于噪声的影响，导致诊断出的虚假故障的数量也较多。从图 10-11 可知，随着网络规模的增加，两个算法的执行时间都增加。算法 SFDoIC-no-Fliter 开始执行时，运行时间相对较短，但是随着网络规模的增加，执行时间增加较快，主要原因是故障数量和症状数量增加，导致故障诊断的时间开销也很快增加。本章算法执行时间变化较慢，因为在执行故障诊断之前，算法 SFDoIC 基于症状内在相关性对故障集合进行了过滤。所以，在规模较大的网络环境下，本章算法的执行时间比较稳定。

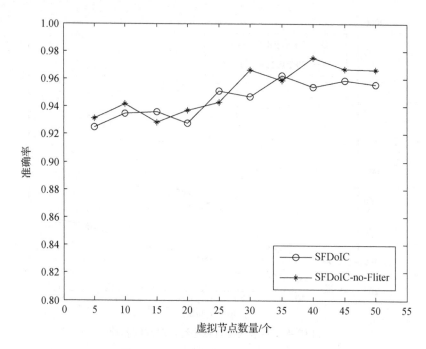

图 10-9　两种诊断算法的准确率比较

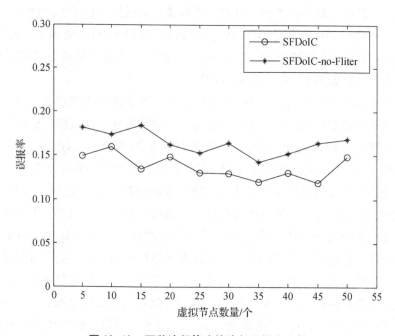

图 10-10　两种诊断算法的诊断误报率比较

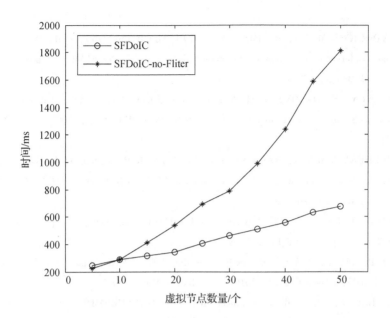

图 10-11　两种诊断算法的运行时间比较

10.4　本章小结

　　本章分析了当前虚拟网服务故障诊断中存在的两个问题，即底层网络信息对服务提供商不可见造成的虚拟网服务故障难以定位的问题、故障集合与症状集合较大导致诊断算法性能低的问题。为了解决这两个问题，首先给出了服务故障传播模型的建立过程，其次提出了基于症状内在相关性的虚拟网服务故障诊断算法，最后，通过仿真实验，验证了本章提出的算法很好地解决了当前虚拟网服务故障诊断中存在的问题。

参考文献

［1］TURNER J，TAYLOR D. Proceedings of the IEEE Global Telecommunications Conference（GLOBECOM'05），November 28 – December 2，2005 ［C］. St. Louis：IEEE，2005.

［2］FEAMSTER N，GAO L，REXFORD J. How to lease the Internet in your spare time，SIG-COMM Computer Communication Review，ACM New York，2007 ［C］. New York，

2007.

[3] CHOWDHURY N M M K, RAHMAN M R, BOUTABA R. Proceedings of the IEEE International Conference on Computer Communications（IEEE INFOCOM），April，2009［C］. Rio de Janeiro，2009.

[4] YU M, YI Y, REXFORD J, et al. Rethinking virtual network embedding：substrate support for path splitting and migration［J］. ACM SIGCOMM CCR，2008，38（2）：17 – 29.

[5] CHOWDHURY N M M K, RAHMAN M R, BOUTABA R. Proceedings of the IEEE International Conference on Computer Communications（IEEE INFOCOM），April 19 – 25，2009［C］. Rio de Janeiro：2009.

[6] HOUIDI I, LOUATI W, ZEGHLACHE D. A distributed virtual network mapping algorithm［C］//Proceedings of IEEE ICC，2008.

[7] CAI Z P, LIU F, XIAO N. Proceedings of the IEEE Telecommunications Conference（GLOBECOM），December 10，2010［C］. Miami：IEEE，2011.

[8] YI W, ERIC K, BRIAN B, et al. Proceedings of the ACM SIGCOMM 2008 conference on Data communication，August 17 – 22，2008［C］. ACM，2008.

[9] CLARISSA C M, LISANDRO Z G, GIORGIO N, et al. Distributed autonomic resource management for network virtualization［C］//Proceedings of the 2010 IEEE/IFIP Network Operations and Management Symposium（NOMS），2010.

[10] DUAN Q. Modeling and analysis for End-to-End service performance in virtualization-based next generation Internet［C］//Proceedings of the IEEE Globecom，2010.

[11] LU C, QIU X S, MENG L M, et al. Proceedings IEEE/IFIP International Symposium on Integrated Network Management（IM′09），June 1 – 5，2009［C］. New York：IEEE，2009.

[12] CHENG L, QIU X S, MENG L M, et al. Proceedings IEEE INFOCOM，March 14 – 19，2010［C］. San Diego：IEEE，2010.

[13] 褚灵伟，邹仕洪，程时端，等. 一种动态环境下的互联网服务故障诊断算法［J］. 软件学报，2009，20（9）：2520 – 2530.

[14] 黄晓慧，邹仕洪，王文东，等. Internet 服务故障管理分层模型和算法［J］. 软件学报，2007，18（10）：2584 – 2594.

[15] 张成，廖建新，朱晓民. 基于贝叶斯疑似度的启发式故障定位算法［J］. 软件学报，2010，21（10）：2610 – 2621.

[16] TANG Y, AL-SHAER E, BOUTABA R. Efficient fault diagnosis using incremental alarm correlation and active investigation for internet and overlay networks，IEEE Trans［J］. Network and service management，2008，5（1）：36 – 49.

[17] TANG Y, AL-SHAER E. Towards collaborative user-level overlay fault diagnosis [C]// Proceedings IEEE INFOCOM, 2008: 2476 – 2484.

[18] TANG Y, CHENG G, XU Z, et al. Community-base Fault Diagnosis Using Incremental Belief Revision [C]//Proceedings IEEE International Conference on Networking, Architecture, and Storage, 2009: 121 – 128.

[19] STEINDER M, SETHI A S. Probabilistic fault localization in communication systems using belief networks [J]. IEEE/ACM trans. on networking, 2004, 12 (5): 809 – 822.

[20] STEINDER M, SETHI A S. Probabilistic fault diagnosis in communication systems through incremental hypothesis updating [J]. Computer networks, 2004, 45 (4): 537 – 562.

[21] ZEGURA E W, CALVERT K L, BHATTACHARJEE S. How to model an internetwork [C]//Proceedings IEEE INFOCOM, 1996: 594 – 602.

[22] RISH I, BRODIE M, SHENG M, et al. Adaptive diagnosis in distributed systems [J]. IEEE trans. neural networks, 2005, 16 (5): 1088 – 1109.

[23] 张顺利, 邱雪松, 孟洛明. 一种基于症状内在相关性的虚拟网服务故障诊断算法 [J]. 软件学报, 2012 (10): 2772 – 2782.

第 11 章　总结与展望

11.1　总结

互联网及其体系结构在可扩展性、安全性、移动性、服务质量、能源消耗等方面的问题越来越突出，网络虚拟化技术被认为是解决这些问题的一种有效方法，得到了越来越多的关注。网络虚拟化环境下的网络资源分配与故障诊断技术是网络虚拟化技术中重要的研究内容。

在网络虚拟化环境下资源分配研究方面，当前存在的问题包括：①多基础设施提供商和多服务提供商竞争环境下，资源分配的效率低、交易环境不公平；②在底层网络规模较大的环境下，现有虚拟网映射算法的分配效率较低；③资源重配置的时机选择不合理，导致虚拟网映射失败次数增多、重配置算法花费增加等问题。

在网络虚拟化环境下故障诊断研究方面，当前存在的问题包括：①底层网络信息对服务提供商不可见性造成虚拟网服务故障难以定位；②每个底层网络上同时承载的虚拟网络数量较多，导致症状集包含的症状和故障集中包含的故障较多，故障诊断算法的性能较低。

针对以上问题，本研究围绕网络虚拟化环境下资源分配和故障诊断相关技术，从多 InP 和多 SP 竞争环境下资源的收益管理、映射时间最短化的虚拟网映射、重配置最佳运行时机的求解、虚拟网服务故障诊断等方面进行了深入的研究。概括而言，本研究的创新点主要体现在以下 4 个方面。

①提出了多 InP 和多 SP 竞争环境下基于拍卖的虚拟网资源分配机制。提出多个 InP 和多个 SP 竞争环境的虚拟网资源分配体系结构；提出基于拍卖的资源分配机制，并深入研究了该机制中用到的 VN 资源映射算法、定价方法等几个关键部分，分析了机制的有效性；仿真实验结果表明，在多基础设施提供商和多服务提供商竞争环境下，提出的分配机制可以有效地解决现有资源分配机制效率低、交易环境不公平的问题。

②提出了映射时间最短化的虚拟网映射算法。算法主要包括基于 K - 均值聚类的社团划分子算法和资源分配子算法。其中，基于 K - 均值聚类的社团划分子算法将虚拟网络和底层网络划分为多个小社团；资源分配子算法实现虚拟网资源分配。仿真结果表明，在底层网络规模较大的环境下，当接收到相同数量的虚拟网请求时，本研究提出的算法提高了虚拟网资源分配的效率。

③提出了网络虚拟化环境下基于预测的资源重配置算法。设计了分簇的资源管理模型，减少配置整个网络带来的开销过大问题。研究了网络资源的占用情况与资源重配置时机之间的关系及其数学模型，设计重配置时机的计算方法，推导出重配置请求次数的极限值与重配置时机之间的关系，提出了能够最小化重配置负面影响的资源重配置算法。仿真实验结果表明，提出的算法在重配置花费、虚拟网请求接收率两个方面能够取得较好的效果。

④提出了网络虚拟化环境下虚拟网服务故障诊断算法。基于虚拟网和底层网络的映射关系，建立了服务故障传播模型。给出了症状内在相关性的定义，并提出基于症状内在相关性的故障集合过滤算法。改进了故障贡献度使其适应网络虚拟化环境，之后提出基于贡献度的启发式故障诊断算法。仿真实验表明，提出的算法能够很好地解决底层网络信息对服务提供商不可见性造成的虚拟网服务故障难以定位的问题，可以有效地降低诊断算法的误报率，减少诊断算法的诊断时间。

11. 2　展望

在本研究研究成果的基础上，可以在下述 3 个方面做进一步的深入研究。

①本研究提出的基于拍卖的虚拟网资源分配机制，在单次资源分配环境中取得了较好的效果，但是，如果资源分配需要随机的重复多次，本研究提出的分配机制将不能实现底层网络资源分配的最优化。在未来工作中，希望能够将随机博弈和不完全信息动态博弈理论，应用到重复多次的虚拟网资源分配环境中，从而提出能够实现基础设施提供商和服务提供商收益最大化的虚拟网资源分配机制。

②在虚拟网资源分配和底层网络资源重配置方面，本研究提出的算法取得了较好的效果，但是，提出的算法没有深入分析底层网络的实时状态与虚

拟网服务对网络资源需求的关系，导致资源分配与资源重配置比较被动和滞后。未来的工作中，可以按照关键配置数据、关键性能指标等要素，对底层网络资源和虚拟网服务的关键信息进行分类，从而提出底层网络实时状态与虚拟网服务的网络资源需求的双向感知机制，实现底层网络资源的最优化管理。

③在虚拟网服务故障诊断方面，本研究提出的算法取得了较好的效果，但是，当底层网络资源属于不同的基础设施提供商时，网络的异构性和故障诊断相关信息的不完整性，都将导致虚拟网的端到端服务故障诊断难度增加。未来工作中，希望通过设计不同基础设施提供商之间的通信机制和故障相关联的收益分配机制，从而改善虚拟网的端到端服务故障诊断的效果。

附录 缩略语表

SN	Substrate Network	底层网络
VN	Virtual Network	虚拟网络
EU	End User	终端用户
ISP	Internet Service Provider	网络服务提供商
InP	Infrastructure Provider	基础设施提供商
SP	Service Provider	服务提供商
VCG	Vickrey-Clarke-Groves	一种拍卖的机制
MTR	Maximum Value for Mean Time to Repair	最大修复平均时间
AE	Allocation Efficiency	分配效率
SLA	Service Level Agreement	服务等级协议
QoS	Quality of Service	服务质量